国家重大科研仪器研制项目(52227901)资助
国家自然科学基金面上项目(52174081)资助
国家自然科学基金青年科学基金项目(52204096)资助
泰山学者工程专项经费资助

动静载作用下吸附瓦斯煤体损伤渗流规律与致灾机理

刘众众　王汉鹏　张　冰　著

中国矿业大学出版社

·徐州·

内 容 提 要

本书详细介绍了作者在煤与瓦斯突出动力灾害机理与防控领域取得的系列研究成果:针对动载、静载、瓦斯吸附诱发煤岩耦合损伤失稳关键科学问题,研发了可实现动静组合加载和多场耦合环境模拟的试验仪器,探讨了多场耦合孕灾环境中煤体的宏观破裂力学响应和渗流演化的内在联系,建立了考虑动载诱发和瓦斯吸附劣化作用的煤体损伤-渗流多场耦合动力学模型,突破了动静叠加荷载作用下的工程尺度煤与瓦斯突出的物理模拟和数值模拟难题,揭示了煤与瓦斯突出动力灾害的致灾机理。

本书可供采矿工程、煤炭安全技术及工程、岩土工程等相关领域的科研人员使用,也可以作为高等院校相关专业研究生和本科生的教学参考书。

图书在版编目(C I P)数据

动静载作用下吸附瓦斯煤体损伤渗流规律与致灾机理/
刘众众,王汉鹏,张冰著.— 徐州 :中国矿业大学出版
社,2023.6

　ISBN 978 - 7 - 5646 - 5845 - 8

　Ⅰ. ①动… 　Ⅱ. ①刘… ②王… ③张… 　Ⅲ. ①煤层瓦
斯一瓦斯渗透一研究　Ⅳ. ①TD712

中国国家版本馆 CIP 数据核字(2023)第 101494 号

书　　名	动静载作用下吸附瓦斯煤体损伤渗流规律与致灾机理	
著　　者	刘众众　王汉鹏　张　冰	
责任编辑	李　敬	
出版发行	中国矿业大学出版社有限责任公司	
	(江苏省徐州市解放南路　邮编 221008)	
营销热线	(0516)83885370　83884103	
出版服务	(0516)83995789　83884920	
网　　址	http://www.cumtp.com　E-mail:cumtpvip@cumtp.com	
印　　刷	徐州中矿大印发科技有限公司	
开　　本	787 mm×1092 mm　1/16　印张 12.5　字数 245 千字	
版次印次	2023 年 6 月第 1 版　2023 年 6 月第 1 次印刷	
定　　价	56.00 元	

(图书出现印装质量问题,本社负责调换)

前　言

随着浅部煤炭资源枯竭，向深部要资源成为保障我国能源安全的必然选择。深部"三高一扰动"的复杂环境使煤矿动力灾害频发，严重制约煤炭安全高效开采。开展煤矿动力灾害机理与防控研究是深部资源开发安全保障和防灾减灾的重大需求，被列入国家重点基础研究发展计划重点支持方向。

大量工程实践表明，以煤与瓦斯突出为代表的动力灾害实际上是开采扰动下煤体损伤破裂与瓦斯渗流突出的耦合致灾过程。开采扰动诱发煤体孔裂隙结构损伤，改变瓦斯渗流状态，瓦斯流态变化又会加剧煤体损伤，两者动态变化且互馈叠加，最终导致灾害发生。因此，亟须阐明动静载作用下吸附瓦斯煤体损伤渗流机理，从而为煤矿动力灾害预警防控研究提供理论基础。

本书针对深部煤体在工程扰动作用下损伤和渗流耦合机理这一关键难题，在引进、消化和吸收现有研究成果的基础上独辟蹊径，从动载、静载、瓦斯吸附诱发煤岩耦合损伤失稳这一独特角度入手，在三者与煤体的宏观破裂力学响应和渗流演化的内在联系等方面开展深入研究，并取得了一定成果。

全书共分为7章。第1章主要论述了本书关键科学问题的研究意义和研究现状，并概括了本书的主要研究内容与方法；第2章研发了可以实现动静耦合加载的吸附瓦斯煤力学与渗透试验仪器，为在实验室重构深地工程煤岩动力灾害的复杂孕灾环境和动静组合应力条件提供科研条件；第3章开展了动静耦合加载条件下吸附瓦斯煤岩力学特性损伤劣化试验，研究了循环动载频率/振幅、静载应力、吸附气体压力对煤体宏观损伤特征参数如抗压强度、弹性模量等的影响规律；第4章开展了动静载作用下吸附瓦斯煤体渗流试验，获取了多因素耦合作用下煤体渗透率时空演化规律；第5章推导完成了适用于动静多场环境吸附瓦斯煤的损伤演化方程和渗透率演化方程，建立了吸附瓦斯煤损伤-渗流多场耦合动力学模型；第6章立足工程尺度开展了巷道振动掘进诱发煤与瓦斯突出物理模拟试验，基于 COMSOL Multiphysics 数值模拟软件开展数值模拟试验，验证了模型的可行性和理论的科学性;第 7 章论述了本书的主要创新点、结论及研究展望。

本书由王汉鹏策划,王汉鹏、刘众众、张冰共同撰写,刘众众和张冰统稿。此外,山东大学的李树忱教授、杨为民教授、丁万涛教授、刘人太教授,山东建筑大学的李晓静教授,中国矿业大学的刘晓斐教授对本书内容进行了专业指导,借本书出版之际,对他们所付出的劳动表示感谢。

煤与瓦斯突出是一个极其复杂的物理现象,相关基础研究还在不断完善发展,许多内容有待进一步探索研究,加之作者水平有限,书中难免存在不足之处,恳请读者提出宝贵意见。

著 者

2023 年 2 月

目　　录

第 1 章 绪 论

1.1 研究背景及意义

未来相当长时期内,地下矿物仍然是我国的主体能源资源。目前,浅部资源已无法满足国民需求。我国埋深 1 000 m 以上煤炭资源占比超过 50%,开采深度大于 1 000 m 的煤矿已超过 40 座。此外,我国开采深度大于 1 000 m 的金属矿山超过 16 座,最深已经达到 1 600 m,1 000~3 500 m 的深部矿产将是我国能源资源的重要保障。

施工深度的增加必然导致一系列突变失稳现象的发生,特别是在高地应力赋存的复杂构造岩体中的开挖岩体及机械掘进等多重荷载扰动作用下,煤与瓦斯突出、冲击地压、岩爆等煤岩动力灾害频发。如山东省深部矿井的冲击地压问题长期难以解决,2021 年被迫关闭退出 19 处采深超千米冲击地压煤矿,合计产能 3 160 万 t,经济损失 300 多亿元;淮南矿业集团下属的深部高瓦斯矿井,长期受煤与瓦斯突出灾害的困扰;山东黄金矿业(莱州)有限公司下属三山岛金矿和山东禹城铁矿开拓深度已超过 1 000 m,但随着开采深度的增加,煤岩动力灾害发生概率也增大。包括煤与瓦斯突出、冲击地压等在内的煤岩动力灾害已经对我国能源资源开发造成重大影响,甚至威胁到我国社会发展的命脉。煤岩动力灾害机理与防控已成为国家能源资源安全的重要战略需求和突破方向,是我国国民经济和社会发展中迫切需要解决的关键科技问题。

实际工程中,如机械掘进等中低应变率的动力扰动诱发煤岩动力灾害的比例很大。面对该类中低应变率动载扰动诱发的深地动力灾害问题,亟须从进行该类研究面临的仪器系统空白问题入手,并开展动静组合加载下吸附瓦斯煤岩损伤劣化和渗流特性研究,结合物理模拟和数值模拟揭示其发生机理。

1.2 国内外研究现状

1.2.1 含瓦斯煤力学与渗透特性试验仪器研究现状

室内试验作为煤岩体力学和渗流特性的主要研究方法,具有可定量、可重复、精确性高等优点[1-4]。试验仪器作为开展室内试验的基础,直接关乎试验准确度及可靠性,为了研究煤岩的力学与渗流特性,国内外学者设计研发了多套可进行煤岩力学特性和渗透率测试的试验仪器,取得了一系列研究成果[5-7]。

1.2.1.1 静态加载方面

Somerton 等[7]研制了三轴渗流测试系统,开展试验研究了应力与渗透率的演化关系;Frash 等[8]研制了三轴试验装置,可以研究水力压裂条件下岩石的力学和渗透特性,并利用此仪器开展了干热岩储层改造试验;Alexeev 等[9]自主研制了三轴加载装置,可以进行瓦斯或者水对煤岩体的吸附劣化试验以及渗流特性测试试验;Mosleh 等[10-11]建立的渗流装置实现了三轴加载与高压流体注入;Chen 等[12]自制了三轴试验设备,其特点是可以测量煤岩体加卸载过程中的体应变;Roshan 等[13]研发了煤岩三轴剪切渗流试验仪,其主要特点是配备了 CT 扫描设备;Du 等[14]设计了真三轴气固耦合煤渗流试验系统,研究了型煤和原煤在真三轴应力作用下的变形破坏特征和瓦斯渗流特性,并着重分析了中间主应力的影响;Wang 等[15]设计的一种新型的气固耦合煤剪切渗流真三轴仪可开展三维不均匀应力下含瓦斯煤岩的真三轴剪切和压缩渗流试验,研究三维应力条件下剪切应力对含瓦斯煤力学和渗透性能的影响。

杨凯等[16]研发了瓦斯渗流测试装置,该装置由热驱动试验系统和高温高压岩芯夹持器两部分组建而成,可进行温度、应力耦合条件下的原煤渗透率测试;张铭[17]研发了一种高精度通用型渗透率测量装置,该装置由高性能流泵、差压传感器及数据采集系统、多层恒温室和高压管路系统构成,可以应用于定水位法、定流量法或压力脉冲法任何一种渗透实验方法;杨建平等[18]研发了低渗透介质温度-应力-渗流耦合三轴仪,该仪器主要由压力伺服系统、三轴室加温与恒温系统、气体渗透系统以及数据采集记录系统组成,可测量不同温度、应力条件、注气压力时的稳态渗流速度;尹光志等[19]研发了多场多相耦合下多孔介质压裂-渗流试验系统,该系统的主要特点是可以进行多种静力加载条件下的力学、渗流以及水力压裂试验,并通过试验验证了系统的稳定性和可靠性;田坤云等[20]研发的三轴渗流装置的最大特色是可以进行负压条件下的渗透率测试,模拟瓦斯抽采过程中煤样内部的瓦斯运移,此外还兼顾了水力压裂试验的功能;许江等[21]、Li等[22]研发了含瓦斯煤热流固耦合三轴伺服渗流装置,其主要特点是兼顾了应力、孔隙压力以及温度(最高加热稳定温度为100 ℃)的耦合作用,可研究三者综合作用下的煤体变形破坏特征和渗流规律;尹光志等[23]、Li等[24]设计的试验系统实现了真三轴应力状态下含瓦斯煤岩力学特性与渗流规律研究;肖晓春等[25]研制了含瓦斯煤岩真三轴多参量试验系统,实现了真三轴加载,能真实还原煤岩体的受力状态,同时可以实现煤岩体变形破坏过程中的声、电等信号的监测;郭俊庆等[26]研制了电动-压动三轴渗流试验装置,可进行煤岩中的气液流体在电势差与压力差耦合作用下的三轴渗流试验,为研究煤体电化增透效应奠定了技术基础;许江等[27]研制了剪切-渗流耦合试验装置,该装置不仅可以对含结构面或者完整煤岩体进行剪切-渗流耦合试验,还可以用来研究深部煤岩体的水力学特性;王登科等[28-29]设计的煤岩三轴蠕变-渗流-吸附解吸实验装置操作便捷,精度较高,且充分考虑了温度变化对实验的影响;刘光廷等[30]研制了渗流-三轴应力耦合试验机,其特点在于可以在垂直于渗流方向的两个方向进行独立加载,也可以进行多种方向应力组合加载;盛金昌等[31]研制的渗流-温度-应力-化学耦合岩石渗透特性试验测试系统能够对煤样进行降温,从而实现对处于低温环境下的煤岩体的精确模拟,可以进行低温条件下煤岩渗流特性的研究;黄润秋等[32]研制了岩石高压渗透试验装置,可进行高渗透压条件下的渗流试验,同时围压的加载量程大,且具有良好的稳压效果;尹立明等[33]研制了应力-渗流耦合真三轴试验系统,其特点是可以进行大尺寸试件以及高渗透水压条件下的真三轴加载渗流测试,且配备声测设备,可实现煤岩体内部裂隙演化的实时追踪;吴迪等[34]研发了三轴渗流装置,其特点是配备了高压压力釜,可进行超临界CO_2注入页岩的渗流与增透试验;王鹏飞等[35]研发了剪切-渗流三轴试验设备,不仅进行多个方向不同应力真三轴加载条件下剪切渗流试验,还克服了剪切过程中的高压气体密封问题;李文鑫等[36]研制了真三轴气固耦合渗流试验系统,实现了真三轴气固耦合加载,并通过刚柔性压头实现了不同方向应力的独立加载;唐巨鹏等[37]研制了三轴瓦斯解吸渗透仪,该仪器可以研究三轴加载过程中煤岩瓦斯解吸与渗流的演化规律与长期效应特征;杨阳[38]利用WYS-800三轴瓦斯渗流实验装置进行实验,该装置可以研究不同加卸载条件下含瓦斯煤渗流特性,并利用配备的声发射系统实现了声学特性的研究。

1.2.1.2　动静组合加载方面

中南大学李夕兵等通过对霍普金森压杆装置进行改进,研制出中高应变率段岩石动静组合加载试验系统[39-40];He等[41]研发的煤岩力学测试装置与20 t

液压千斤顶相匹配,实现了多级动态加载的功能,测试岩样尺寸可达 100 mm×100 mm×100 mm,最大可加载应力 196 MPa;河南理工大学的 RMT-150C 岩石机理实验系统框架刚度为 $5.0×10^9$ N/mm,应变速率范围为 $10^{-6}\sim10^{-1}$/s,最大荷载为 1 000 kN,最大围压为 50 MPa,该系统可对单轴和三轴压缩试验采用不同的控制方法进行动态响应分析[42];美国加州大学研发的冲击仪器可以承受 500 MPa 的压力,保证试验过程中施加足够的围压[43];何满潮等[44]设计研发的冲击仪器可模拟多种振动频率的现场荷载;重庆大学设计研发的含瓦斯煤热-流-固三轴伺服渗流试验系统可进行多种工况下的卸压试验[45];辽宁工程技术大学设计研发的冲击平台可实现试件的三维独立动态加载[46];中国矿业大学将岩石力学测试系统 TAWD-2000 和煤岩气压致裂设备结合使用,可开展原煤试件的气压疲劳试验,分析循环气压及二次气压致裂作用下煤样的微损伤与破碎特性[47]。

综上,国内外各单位所设计开发的力学-渗流试验仪器在一定程度上推进了煤岩体力学特性的研究,加深了对煤层瓦斯运移机制的认识,然而仍存在以下不足:① 绝大多数仪器无法在气固耦合条件下对试件预加静载并施加如振动荷载的中低应变率的扰动荷载,无法真实模拟受扰动的煤岩体应力环境;② 对于动静加载三轴气固耦合环境中煤岩体声发射探测还是空白;③ 对于加载过程中的煤岩渗透率特性测试,大部分试验仪器需要借助外置压力机来完成加载,需要多人才能完成,试验操作复杂,试件更换困难,极大降低了试验效率。为此,迫切需要研制出一套操作便捷、功能更趋完备、可实现动静组合加载的含瓦斯煤力学与渗流试验装置,以便更深层次地探索各因素对煤岩体损伤劣化与渗流规律的影响。

1.2.2 动静载作用下吸附瓦斯煤岩损伤劣化研究现状

针对煤岩体在动静载和瓦斯吸附作用下的损伤劣化特性,国内外学者进行了部分研究,以下分两个方面进行论述。

1.2.2.1 力学参数劣化

窦林名等[48]以应变率对冲击地压发生条件进行了界定,并研究了煤岩的破坏形态以及其力学性质和应变率之间的关系;马春德等[49]研究了不含瓦斯岩石在双向荷载并且达到屈服阶段之后在一定频率和振幅的扰动荷载作用下的力学特性损伤规律;金解放等[50]研究了动静组合加载条件下砂岩的力学特性随围压和轴压的变化规律,并发现随着静载应力阶段的不同,砂岩的峰值应力存在突变的过程,根据其定义的损伤劣化系数,推导了砂岩在动静组合加载条件下发生破坏的判据;唐礼忠等[51]研究了深部大理岩在高应力状态下受到小幅动载扰动下的力学损伤特性,并研究了平均应力和平均幅值对岩石破坏的影响规律,得出岩石在动静组合加载条件下的破坏呈现剪切和张拉两种特征;何满潮等[44]建立了一种可以动静耦合加载的真三轴岩爆模拟系统,并通过给不同的静载应力方向施加一定频率的简谐波进行了岩爆模拟试验,通过对巷道周围应力的分布与变化特征以及岩石的力学特性损伤规律分析,建立了冲击岩爆发生的能量判据;苏国韶等[52]研发了一种真三轴岩爆模拟系统,实现了低频周期扰动荷载和静载组合加载条件下的岩爆模拟,并研究了动载的频率和幅值以及静载的大小对岩爆的影响规律。

除了煤岩体的静态破坏,国内外学者开始逐步重视外部动载的扰动作用。孙晓元[53]分析了静压荷载和振动荷载共同作用下煤体的力学损伤规律和破坏机理,分析了裂隙演化规律和分布特征,并探讨了裂隙的演化和力学损伤与煤岩动力灾害之间的关联;刘保县等[54]通过研究振动荷载扰动下的煤岩的力学损伤特性以及动载对突出的诱导作用,建立了煤与瓦斯延期突出突变模型,并提出了相应的预测预报方法;聂百胜等[55]研究了煤岩静态加载与瓦斯吸附耦合条件下煤岩变形与力学特性劣化规律,以此分析了瓦斯吸附对煤岩动力灾害的促进作用;谢雄刚等[56]根据某突出矿井的工作面爆破,测试了相应的爆破参数,并根据线性回归分析结果,探讨了爆破荷载参数对煤与瓦斯突出激发程度的影响规律;任伟杰等[57]研究了功率超声振动荷载对含瓦斯煤体的损伤劣化作用,分析了煤岩的宏观力学参数如强度和弹性模量的降低规律;李树刚等[58]研究了单独振动荷载作用下煤岩体的解吸特性,得出了解吸速度和振动频率之间的定量关系;Wang 等[59]研究了振动荷载作用下煤岩体的渗透率和力学特性;姜永东等[60]分析了振动对煤样瓦斯解吸性能的影响;李成武等[61]、王文等[62]探讨了煤岩体在振动条件下的动力响应、裂纹演化规律等力学特征;Fan 等[63]使用霍普金森压力杆对煤岩进行单轴压缩和拉伸状态下的冲击试验,分析了煤岩受动载作用下的强度、破坏过程和能量耗散;Yin 等[64]研究了含瓦斯煤在气压和静态-动态荷载作用下的变形与强度特征。

1.2.2.2 煤岩体变形破坏过程声发射特性

煤岩变形和断裂过程中会产生脉冲形式的瞬态弹性波,称为声发射。声发射经过数据分析可以反演煤体内部破裂状态,因此越来越多地被用于煤岩体损伤特性研究[65-68]。Majewska 等[69-71]通过对煤样在瓦斯和 CO_2 吸附解吸过程中的声发射及应变特征分析,得出瓦斯和 CO_2 吸附解吸过程中其声发射与应变特征具有差异性的结论;Ranjith 等[72]通过不同吸附性的气体对煤岩体的劣化作用结果,分析了煤岩体的破坏形式;Ranathunga 等[73]以声发射参数为依据,研究了气体注入的相态对煤岩体力学损伤的影响规律。

尹光志等[74-76]研究了不同试验路径下煤岩体的声学参数规律的差异性;赵洪宝等[77]研究了煤岩体在不同瓦斯压力条件下的声发射振幅的演化规律;肖晓春等[78]分析了不同围压条件下煤岩体破坏过程中的声发射参数和力学损伤的对应规律;邱兆云等[79]则以围压和孔隙压力为变量,探讨了两者和煤岩体破坏过程中的声发射参数的关系;孟磊等[80]分析了瓦斯压力和声发射参数的关联性;刘延保等[81]研究了声发射参数作为煤岩体破坏前兆信息的可行性;许江等[82]在物理模拟试验中得到了煤与瓦斯突出过程中的声学参数;高保彬等[83-84]研究了单轴条件下高低瓦斯压力下煤岩体声发射参数的差异性;赵洪宝等[85]研究了三轴压缩条件下煤岩体应力应变曲线和声发射参数的耦合特征;刘延保[86]基于分形理论,引进声发射参数,建立了两者之间的关联;秦虎等[87]建立了煤岩体三轴条件下的声发射参数演化模型;滕腾等[88]研究了煤岩体声发射参数和能量演化之间的关系;孔祥国等[89]利用声发射参数尝试了对煤岩体破坏时间的预测。

目前对于吸附瓦斯煤岩体损伤劣化特性的研究多集中在静态吸附,且动静叠加荷载下煤岩的研究多以 SHPB 高应变率冲击试验为主,考虑吸附瓦斯后煤岩在预加静载后再施加中低频动态扰动的研究还鲜有报道。通过探究吸附瓦斯煤在动静叠加荷载下的损伤劣化规律,建立动静载条件下吸附瓦斯煤岩损伤演化模型,是揭示深部煤岩动力灾害发生机理的关键。

1.2.3 煤岩渗流特性研究现状

针对煤岩体的渗流特性,国内外学者进行了大量研究[90-93]。在众多的研究成果中,影响煤岩体渗透率的主要因素可归结为以下三个方面。

1.2.3.1 煤基质收缩和膨胀效应对渗透率的影响

Bustin 等[94]初步研究了不同纯度气体下煤岩体的吸附膨胀效应和渗透率之间的关系;Wang 等[95]研究了多元气体吸附下煤基质收缩和渗透率之间的关系;Niu 等[96]研究了原煤和构造煤吸附瓦斯后基质膨胀效应的差异性;Mosleh 等[97]通过试验获取了瓦斯压力对煤基质收缩效应影响的变化拐点,并指出此压力为 1.5 MPa CO_2 左右;Larsen[98]和 Liu 等[99]基于试验结果推测气体吸附对煤岩渗透率的影响主要是因为基质收缩和膨胀;Niu 等[100]研究了有效应力、基质膨胀和收缩、温度以及水分等对煤岩渗透率的影响,并指出了主要影响因素;傅雪海等[101]进行了不同气体对煤岩渗透率的影响研究,并分析了不同气体吸附对煤基质收缩和膨胀的差异性;隆清明等[102]分析了瓦斯吸附对煤体渗透率的作用机制;赵阳升等[103]、胡耀青等[104]基于试验结果拟合了渗透率和瓦斯压力的对应关系。

1.2.3.2 有效应力对渗透率变化的影响

Somerton 等[7]研究了渗透率对应力的敏感性,并给出了渗透率随应力的变化规律;Durucan 等[105]研究了不同应力阶段煤岩渗透率的变化规律;Robert-son[106]研究了煤岩渗透率随围压以及孔隙压力的变化规律,并得到了不同的试验结论;Huy 等[107]拟合了煤岩渗透率随有效应力的变化规律,并给出了初始渗透率的特点;Mitra 等[108]研究了单轴压缩试验条件下煤岩渗透率随孔隙压力和有效应力的变化规律,并指出在不同阶段其渗透率变化速率不同的结论;唐巨鹏等[37]利用自主研发的渗流测试仪器开展试验,根据试验结果拟合了试验过程中有效应力和渗透率的关系,并指出了其在加载和卸载过程中的差异性;赵阳升等[103]推导了煤岩渗透率和有效应力之间的关系式,为后续模型的建立打下了基础;孙培德[109]研究了煤岩渗透率在加载过程中对有效应力的敏感性;彭永伟等[110]分析了尺度效应对煤岩渗透率的影响,并指出不同尺度下煤岩渗透率对有效应力的敏感性不同;尹光志等[111-112]不仅研究了有效应力对煤岩渗透率的影响,还分析了应变对渗透率的影响规律。

1.2.3.3　Klinkenberg 效应对气体渗透率的影响

气体在煤岩体中渗流会产生 Klinkenberg 效应,会对煤岩体渗透率产生一定影响。Harpalani 等[113]研究了 Klinkenberg 效应对于围压和孔隙压力的敏感性,并找到了此效应的拐点气压;Harpalani 等[114]又针对上述现象进行了实验研究,定量分析了 Klinkenberg 效应对渗透率下降的影响;魏建平等[115]针对 Klinkenberg 效应分析了其在型煤和原煤之间的差异性。

学者们虽已对静荷载作用下煤的瓦斯渗透特性进行了大量的研究,但对煤体在静载、动载与瓦斯吸附耦合作用下的瓦斯渗流特性缺乏研究,三者耦合作用下煤体瓦斯渗流机制有待进一步探索。

1.2.4　多场耦合模型研究现状

在含瓦斯煤理论模型方面,初步建立了含瓦斯煤本构模型,主要包括考虑瓦斯压力的由应力平衡方程、几何方程、物理方程推得的应力场方程,由渗流连续性方程、渗流状态方程、渗流运动方程推得的瓦斯渗流控制方程,以及将两者耦合起来的孔隙率方程、渗透率方程、有效应力方程,以下为代表性的含瓦斯煤气固耦合数学模型。

Litwiniszyn[116]、Paterson[117]、Zhao 等[118]、Valliappan 等[119]根据煤体固体变形、煤层瓦斯渗流的相关理论构建了煤体-瓦斯气固耦合基本数学模型;李坤等[120]基于煤与瓦斯突出试验,依靠流体力学知识,建立了相应的数学模型;刘洪永[121]基于采动试验,综合考虑煤岩体变形和瓦斯渗流,构建了动力学模型;刘军[122]基于瓦斯的渗流规律建立了相应的数学模型;尹光志等[123-124]通过修正应力场方程,并考虑有效应力和瓦斯吸附,重建了含瓦斯煤数学模型;徐涛等[125]利用煤体变形过程中细观单元损伤方程,建立了煤岩介质材料力学性质非均匀数学模型;Kursunoglu 等[126]采用统计方法提出结构方程模型(SEM),分析了瓦斯和含水量等主要因素对煤与瓦斯突出的影响;李峰等[127]基于弹性阶段的线性规律,建立了动载作用下的煤岩体弹塑性模型;Lawson 等[128]基于开采中的围岩破坏形态,建立了相应的破坏判据;尹光志等[129]综合考虑瓦斯吸附和静载的破坏作用,建立了煤岩体破坏判据;左宇军等[130]着重考虑了动载作用,在方程中引进了动载损伤;张勇等[131]综合考虑了动静耦合作用;单仁亮等[132]、付玉凯等[133]基于动载的破坏作用,重新推导了煤的本构方程。

总而言之,现有煤岩气固耦合模型中,应力场方程多采用常规参数,没有考虑吸附损伤的影响,损伤演化方程未综合考虑动静载和瓦斯吸附的耦合影响,渗透率演化方程多集中在弹性阶段,且未能综合考虑煤基质和割理的共同影响,亟须综合考虑吸附瓦斯损伤劣化作用、静载变形破坏作用和动静荷载损伤破裂作用,构建含瓦斯煤损伤-渗流多场耦合动力学模型,揭示动静载和瓦斯吸附耦合损伤与渗流机制。

1.3　主要研究内容

煤岩动力灾害是固-气-液多相和动静应力、渗流等多场耦合演化的复杂动力学问题。综合前文所述,现有研究在研究手段、试验方法和理论模型等方面存在不足,缺乏模拟煤岩复杂孕灾环境试验仪器、动静载及瓦斯吸附耦合作用下损伤渗流规律空白、缺少多场耦合损伤-渗流动力学模型。本书聚焦科学前沿,围绕"煤岩动力灾害发生机理与基础理论"这一主题,采用室内试验、理论分析、模型试验、数值模拟等多种研究方法,研究了动静载作用下吸附瓦斯煤体损伤劣化与渗流机理,以期为深地工程动力灾害防控预警提供理论基础。

本书针对现有不足主要开展了四个方面的研究,通过仪器原创、方法创新和理论突破,揭示动静载和瓦斯吸附耦合作用下煤体损伤渗流规律与致灾机理。本书的四大研究内容相互关联,层层递进,每项研究均基于前项研究成果,又为后一项研究提供基础。首先,原创研发含瓦斯煤动静耦合力学与渗流试验系统,实现试验仪器的创新性突破。其次,基于此仪器系统进行动静载和瓦斯吸附耦合作用下的煤岩体损伤劣化试验和渗透率时空演化试验。再次,基于试验结果和规律,推导建立煤岩体损伤-渗流多场耦合动力学模型。最后,开展巷道掘进诱发煤与瓦斯突出物理模拟试验,并以此为算例开展数值模拟,验证数学模型的可靠性和科学性。具体研究内容阐述如下:

（1）含瓦斯煤动静耦合力学与渗流试验系统研发。综合考虑深地工程煤岩体动力灾害的复杂孕灾环境（多场耦合）和动静组合应力条件，考虑到现有仪器系统的不足，采用模块单元化的设计思路，研发可以实现中低应变率动静耦合加载的吸附瓦斯煤力学与渗透试验仪器，实现多场耦合环境的模拟和动静荷载的组合施加，为后续的试验研究提供科学试验仪器和手段。

（2）动静载和瓦斯吸附耦合作用下的煤岩体损伤劣化规律研究。综合考虑吸附瓦斯损伤劣化作用、静载变形破坏作用和动静荷载损伤破裂作用，以及三类损伤的耦合叠加效应，开展了动静耦合加载条件下吸附瓦斯煤岩力学特性损伤劣化试验，研究静载应力阶段、动载能量、瓦斯压力/含量对煤体宏观损伤特征参数如抗压强度、弹性模量的影响规律，分析瓦斯吸附、静态加载以及动态加载诱发煤体损伤劣化的机制，构建适用于动静耦合加载条件下吸附瓦斯煤体损伤演化的数学模型。

（3）动静载和瓦斯吸附耦合作用下的煤岩体渗流时空演化规律研究。综合考虑动静载和瓦斯吸附的影响，开展了动静载和瓦斯吸附耦合作用下的煤体渗透率测试试验，进行了多因素对煤体渗透率的敏感性分析。并基于试验结果和规律分析，综合考虑动静载和瓦斯吸附引起的煤基质和割理的变形，建立了动静载和瓦斯吸附耦合作用下的煤体渗透率演化方程，定量描述多因素对渗透率影响规律。

（4）含瓦斯煤损伤-渗流多场耦合动力学模型和物理模拟与数值模拟验证。综合考虑吸附瓦斯损伤劣化作用、静载变形破坏作用和动静荷载损伤破裂作用，推导建立了含瓦斯煤岩损伤-渗流多场耦合动力学模型。针对深部煤岩体灾变信息难获取和巷道掘进煤与瓦斯突出难模拟的难题，创新研发了适用于高气压环境的数据采集系统及内部传感器密封保护方法，成功进行了掘进振动条件下的煤与瓦斯突出模拟试验并获取了关键规律。以本次试验作为算例，基于第 5 章推导建立的数学模型，利用 COMSOL 数值模拟软件开展数值模拟试验，得到了巷道开挖全过程中煤岩体的瓦斯场、应力场、渗流场和损伤场的时空演化规律，验证了模型的准确性和科学性。

1.4　技术路线

基于以上四个研究内容，注重学科交叉融合，运用多种研究手段，针对现存问题开展技术、方法和理论创新，最终达到揭示动静载作用下吸附瓦斯煤体损伤渗流规律和致灾机理的目标，具体技术路线如图 1-1 所示。

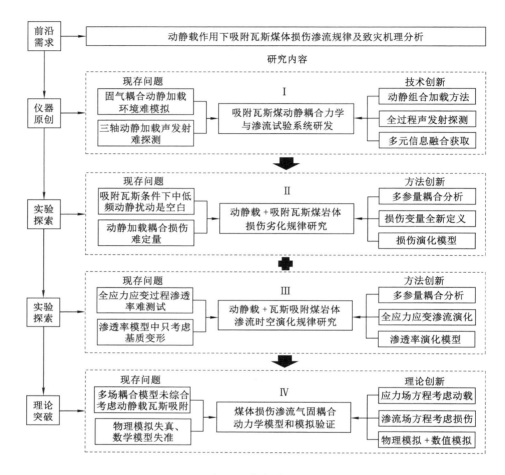

图 1-1 技术路线图

1.5 创新点

（1）技术创新：针对煤岩动力灾害固-气-液多相和动静应力、瓦斯等多场复杂环境，原创研发含瓦斯煤动静耦合力学与渗流试验系统，满足气固耦合条件下煤岩动静组合荷载施加要求，突破了中低应变率动静组合加载、三轴加载全过程声发射信息探测和多元信息融合获取等技术难题，为深部煤岩体动静加载多场耦合试验提供了仪器支撑。

（2）方法创新：开展了动静载作用下吸附瓦斯煤体损伤劣化和渗流试验，研究了静载应力、动载能量和气体压力对煤岩体力学损伤和渗流特性的影响规律，揭示了多因素诱发煤体损伤劣化机制及渗透率的时空演化规律。

（3）理论和技术创新：针对深部岩体冲击灾变复杂机理，综合考虑吸附瓦斯损伤劣化作用、静载变形破坏作用和冲击荷载损伤破裂作用等关键致灾因素，构建了含瓦斯煤岩损伤-渗流多场耦合动力学模型，实现了巷道掘进诱发煤与瓦斯突出物理模拟试验和数值模拟。

第2章　含瓦斯煤动静耦合力学与渗流试验系统研发

2.1　引言

　　动静耦合加载条件下吸附瓦斯煤岩的力学和渗流特性是研究深部工程煤岩动力灾害发生机理的前提和基础,但是由于其耦合过程的复杂性,且受限于试验仪器、密封手段和测试方法,导致无法定量研究此类状态下煤岩的整个损伤劣化过程。因此,开展此类研究并将其应用于地下工程动力灾害机理研究与防控领域具有重要的科学意义。基于此,本章借鉴前人经验,综合机械工程、电气工程以及控制工程等多个学科知识,利用 Solidworks、ABAQUS 以及 LabVIEW 等设计、校核和编程软件,自主研发了一套可以同时测试动静耦合加载条件下吸附瓦斯煤岩的力学和渗流特性的试验仪器——含瓦斯煤动静耦合力学与渗流试验系统,详细阐述了研发设计原理和功能参数,并开展了初步验证试验验证了系统指标的可靠性,为开展相关研究提供了精密而又科学的试验仪器。

2.2　研发原理和设计思想

2.2.1　研发原理

　　煤与瓦斯突出和冲击地压等深地动力灾害问题多为煤岩体在高应力条件下由外部中低应变率动力扰动引发的。受深地复杂地层条件以及高地应力、高地温、高渗透压、强烈工程扰动等复杂力学条件影响,煤体实际上处于静载和瓦斯吸附作用下受动载扰动的组合叠加受力状态,如图 2-1 所示。

2.2.2　设计思想

　　综合考虑深地工程煤岩动力灾害的复杂孕灾环境(多场耦合)和动静组合应

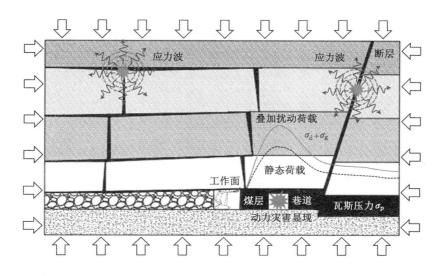

图 2-1　煤岩复杂赋存环境和应力状态

力条件,基于现有仪器系统的不足,采用模块单元化的设计思路,研发可以实现动静耦合加载的吸附瓦斯煤力学与渗透试验仪器,实现多场耦合环境的模拟和动静荷载的组合施加,整体设计思路如图 2-2 所示。

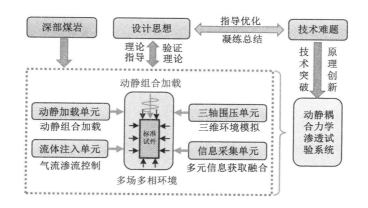

图 2-2　仪器整体设计思路

本仪器的四大单元相互配合补充,共同完成试验,各单元间相互合作流程如图 2-3 所示。

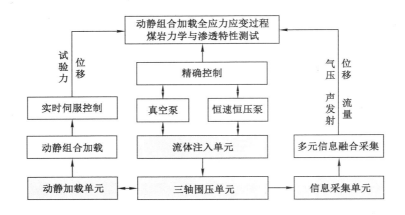

图 2-3 单元间相互合作流程

2.3 总体结构和主要功能

2.3.1 总体结构

含瓦斯煤动静耦合力学与渗流试验系统总体结构如图 2-4 所示,主要包括动静加载单元、三轴围压单元、流体注入单元和信息采集单元四个关键单元。动静加载单元可实现中低应变率动静组合加载,模拟煤岩组合受力状态;三轴围压

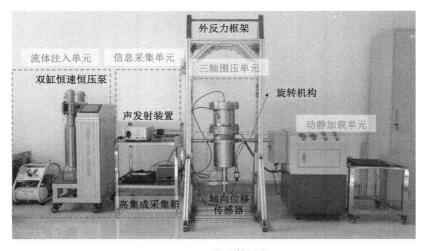

图 2-4 系统总体结构

单元为煤岩试样提供三维受力条件,配合流体注入单元为煤岩提供多场耦合环境;流体注入单元可为煤岩试样注入指定流速和压力的流体;信息采集单元可实现试验过程中多元信息的融合获取。

2.3.2　主要功能

该系统适用于岩土工程领域岩石的力学特性和渗透特性测定,可进行动静耦合加载条件下吸附瓦斯煤岩体变形破坏特征和渗流规律研究,为研究吸附瓦斯煤岩力学演化机制及揭示煤层瓦斯运移规律提供科学试验仪器。其主要功能和先进性如下:

(1)试验仪器功能完备,可同时进行多种工况下煤岩力学特性和渗流特性测试。

(2)可以在气固耦合条件下对试件预加静载并施加如振动荷载的扰动荷载,真实模拟受扰动的煤岩体应力环境。

(3)配备声发射监测系统,通过金属-煤岩材料波速转换,实现三轴条件下外置探头的声发射信号准确获取。

(4)能同步高精度测量三轴条件下煤岩轴向和环向变形,且测量精度可达微米量级。

(5)通过楔形面式密封方式实现渗流系统的高密封性能,从而精确获取整个受力变形过程中含瓦斯煤岩渗透特性的演化规律。

(6)采用压力体积换算法和高精度质量流量控制器,分别实现低渗和高渗岩石的渗透率精确测量。

2.4　单元详述与各部分关键技术

2.4.1　动静加载单元

动静加载单元包括动态液压油源、高功率制冷机、高频换向伺服阀、作动器和荷载传感器。动态液压油源给加载油缸提供高流量液压源,最大流量可达45 L/min,此数据决定着循环动载的振幅和频率上限,在室内试验中,此指标处于领先位置。动态加载过程中,高压液压油会迅速升温,本单元还配备高功率制冷机,用来调节高压油的温度。动态液压油源和高功率制冷机如图 2-5所示。

为了实现循环动载的高频精确控制,自制多通道阀块,架起动态液压油源和

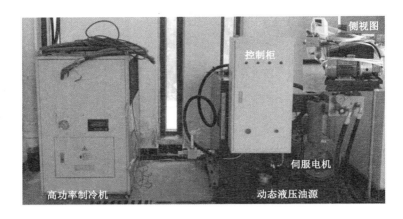

图 2-5　动态液压油源和高功率制冷机

航宇伺服阀的桥梁。自制多通道阀块和航宇伺服阀结构原理如图 2-6 所示。多通道阀块在顶部开 4 个连接孔,用于和航宇伺服阀的连接,在前、后、左、右 4 个方向加工 4 个通道,分别连接动态液压油源的进出油管和加载油缸的进出油管。此结构实现了在不影响油源流量的前提下的伺服换向控制。此外,本动态液压油源配合加载油缸,可实现 5 倍的增压效果。

现有仪器给煤岩试样施加循环动载,可总结归纳为两种方式。第一种是将仪器整体放置于振动平台或者利用激振器对试样施加一定频率的激振力。此种方式只能施加一定频率的振动,无法对振幅进行定量,且激振力不是直接施加于试样本身,效果较差。第二种是通过动态液压油源驱动加载油缸,配合和试样直接接触的荷载传感器进行控制。但是在三轴加载试验中,由于荷载传感器不能放置于三轴室的内部,故此种方法多限于单轴试验。此外,开展渗流试验时,对三轴室内部的密封性要求更高,从而使得渗流过程中施加振动荷载更加难以实现。本书通过结构设计上的创新,将荷载传感器放置于三轴室的外部,同时设计动密封活塞,配合一体式加载油缸,成功实现了煤岩试样的动静耦合加载和高质量气密封。具体结构的实现方式如图 2-7 所示。

如图 2-7 所示,荷载传感器置于仪器外部,通过螺栓和仪器紧密连接。荷载传感器和动密封活塞直接接触,动密封活塞和煤岩试样直接接触,从而实现了煤岩试样受力的测量。动密封活塞和活塞套筒之间设有两道动密封圈,从而实现了其在滑动时依然可以保证渗流室的高密封性。渗流室的密封原理在下文中详述,此处不做展开介绍。此外,荷载传感器内部设计为空心形式,给注气通道留

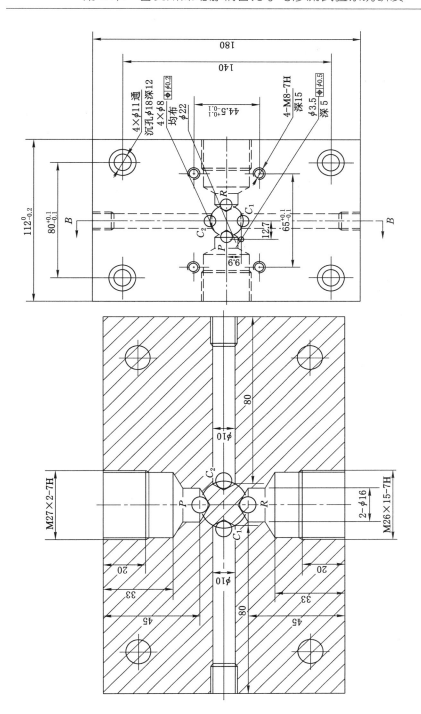

图 2-6　自制多通道阀块和伺服阀结构原理图

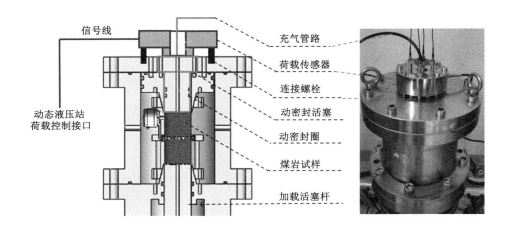

图 2-7　三轴动静加载密封原理图与安装实物图

足空间,从而实现了三轴动静加载过程中的注气密封一体化。

2.4.2　三轴围压单元

三轴围压单元可为煤岩试样提供三轴应力和渗流空间,主要包括轴压室、围压室和渗流室,其结构原理如图 2-8 所示。

2.4.2.1　轴压室和围压室

轴压室和围压室的结构原理如图 2-9 所示,其主要关键技术如下:

(1)通过调整活塞和压头的面积比,配合液压加载系统,可以为试样提供 0~150 MPa 的轴向应力。

(2)直径 50 mm 的活塞杆中心开有直径 8 mm 的注气通道,并在压头底面设置蜂窝状结构,实现对试件的"面式充填"(图 2-9 左上角),更加接近实际煤层瓦斯流动情况。

(3)通过设置定心法兰,实现对活塞杆的导向作用,保证试样在整个试验过程中始终处于压头中心位置,避免了偏心力的存在。

(4)通过自制的"L"形转接头,采用锥形密封螺纹,灌入环氧树脂密封胶,实现了对环向位移传感器引线通道的优质密封(图 2-9 左下角)。

2.4.2.2　内密封渗流室

内密封渗流室位于围压室内,其原理如图 2-8 的右图所示。此部分的关键技术难题是其高密封性,为了提高其密封性,进行了如下设计:采用壁厚 1 mm 的乳胶套包裹试件形成渗流空间,并通过楔形密封基座和楔形密封套筒进行密封,突破了传统的"线密封",实现"面密封"。两者之间通过螺栓连接,通过旋紧

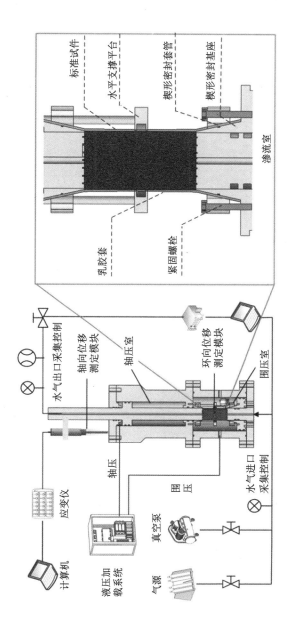

图 2-8　三轴围压单元结构原理图

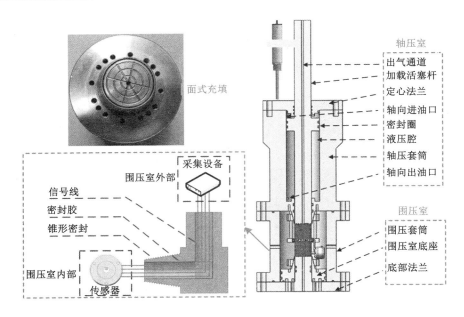

图 2-9　轴压室和围压室结构原理图

螺栓实现高密封性。内密封渗流室和实现面密封的楔形密封圆台及楔形密封套
筒如图 2-10 所示。

图 2-10　内密封渗流室和楔形密封结构实物图

2.4.3　流体注入单元

　　流体注入单元的功能是给整个仪器主体提供稳定和充足的流体源,为了提高本单元的精度,选用业界内普遍认可的恒速恒压泵进行流体的注入。该恒速恒压泵的主要优势在于流速范围宽,满足本书试验中多种气体流速的需求。此外,本书所用泵为双缸恒速恒压泵,每缸独立配有缸体、传动机构、电机以及驱动器。双缸的优势在于可连续为单一流体提供无脉冲的流体注入。恒速恒压泵先进的技术参数如表 2-1 所示。

表 2-1　恒速恒压泵主要的先进技术指标

型号	HBS-70
流体压力注入范围/MPa	0~60
流体压力注入分辨率/MPa	0.01
单泵容积/mL	500
可控流速范围/(mL/min)	0.01~45

　　由于仪器设有轴向进气通道、轴向出气通道、流量测试通道等多个通道,无法在每个通道口单独安装传感器。为解决这一难题,设计多通道测试阀块,实现多通道耦合集成和每个通道单独控制的目标。阀块原理图和实物如图 2-11 所示。

2.4.4　信息采集单元

　　信息采集单元主要包括环向位移采集模块、轴向位移采集模块、声发射信号采集模块、气体流量采集模块和多元信息融合采集软件系统,可以采集位移、应力、声发射、流量等多元信息,主要创新和功能在下文详细阐述。

2.4.4.1　环向位移采集模块

　　在三轴动静加载和高压气体环境中,用于信号采集和转换的精密模块难以存活,因此对煤岩试样的环向位移采集系统的要求很高,一方面要保证采集系统可以采集到微小的变形数据,另一方面还要适应并存活于恶劣的环境。此外,现有环向位移采集方法和系统中,测试理论和精度参差不齐。在岩石力学领域的环向位移测量系统中,类似于 MTS 链式传感器的形式被大家广泛认可[134-135]。基于 MTS 链式传感器,本书自主研发了角度-环向位移传感器,并设置了滚带、水平支撑台与等高调平套筒,实现了链式滚带的水平精准安装,

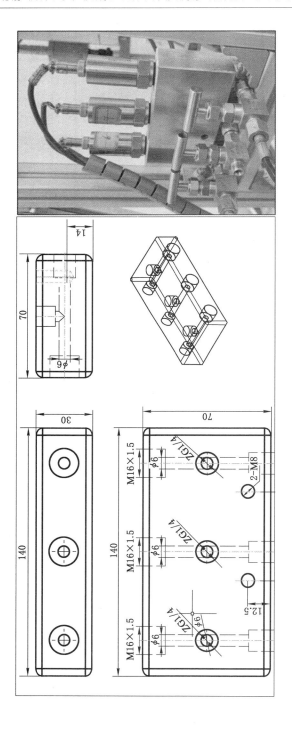

图 2-11 阀块原理图和实物图

具体如图 2-12 所示。该环向位移采集模块具有精度高（测量精度可达微米量级）、方便安装和拆卸等优点。

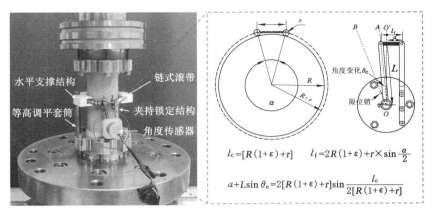

$$l_c = [R(1+\varepsilon)+r] \qquad l_f = 2R(1+\varepsilon)+r \times \sin\frac{\alpha}{2}$$

$$a + L\sin\theta_e = 2[R(1+\varepsilon)+r]\sin\frac{l_c}{2[R(1+\varepsilon)+r]}$$

图 2-12 环向位移采集模块原理图

2.4.4.2 轴向位移采集模块

轴向位移采集模块由轴向位移传感器和垂直锁定机构构成。为了提高轴向位移的测试精度，轴向位移传感器选用光栅测微器。为了保证传感器安装适合加压活塞杆水平，减小测量误差，设计如图 2-13 所示垂直锁定机构。

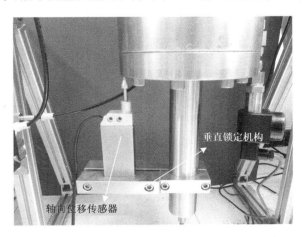

图 2-13 轴向位移采集模块

2.4.4.3 声发射信号采集模块

气固耦合条件下三轴试验中试样的声发射信号精确测试是困扰学术界的一

大难题,其难度在于无法将声发射探头和被测试样直接连接。现有三轴试验中测量声发射信号的探头多安装在三轴室套筒表面,探头和试样之间往往隔着气体、乳胶套、钢铁等多种介质,导致声发射信号较弱且波动较大。本书依托一体式加载油缸,并设计探头固定结构,将探头置于和试样直接接触的动密封活塞上,成功实现了气固耦合条件下三轴试验中试样的声发射信号精确测试,其测试原理和实物安装图如图 2-14 所示。

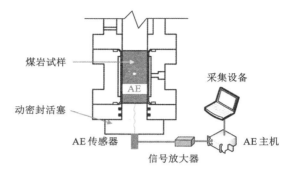

（a）声发射信号测试原理图

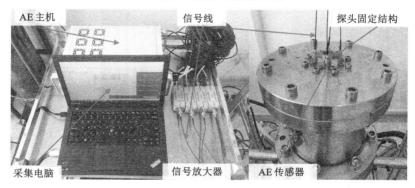

（b）声发射信号采集模块安装实物图

图 2-14　声发射信号采集模块

2.4.4.4　气体流量采集模块

渗透率试验中,重要的一环就是气体流量的精确测试。普通流量采集的方法多为排水法和对比罐法,其采集精度和自动化程度均较低。本书为了实现流量的自动化高精度采集,配备了质量流量控制和采集系统,其实物和原理如图 2-15 所示。该流量计支持多种流体的标定和测试,满足多种测试需求。

此外,流量计内部设置的多通道分流器配合放大器和拣选系统,极大地提高了流量的测试精度。

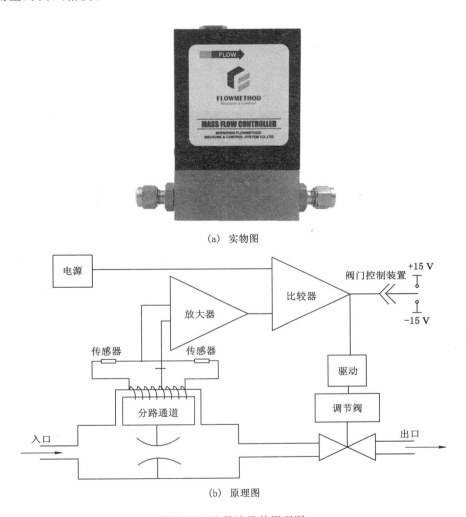

(a) 实物图

(b) 原理图

图 2-15　流量计及其原理图

2.4.4.5　多元信息融合采集软件系统

本仪器系统涉及气压、应力、位移、流量等多元信息的采集,若是各个物理量信息单独采集的话,无论在时间尺度还是空间尺度,都无法进行精确的对比,因此,本书自主研发多元信息融合采集系统,基于多通道采集卡,将采集到的多物理量信息的模拟信号归一化处理,在上位机软件系统进行统一运算和显示;自主研发采集硬件箱体,同时具备多个数字和模拟信号的采集通道,实现了不同形式的多元信息的融合采集。多元信息融合采集系统包括高度集成采集箱和采集软件系统,其实物图和软件界面如图 2-16 所示。

(a) 高度集成采集箱

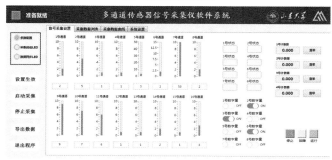

(b) 软件界面

图 2-16　多元信息融合采集系统

2.5　系统主要技术参数

含瓦斯煤动静耦合力学与渗流试验系统主要技术参数见表 2-2。

表 2-2　系统主要技术指标

技术参数	指标值
动载频率范围/Hz	1～10
动载振幅范围/MPa	0～10(5 Hz 时)
轴压控制范围/kN	0～300

表 2-2(续)

技术参数	指标值
试验力加载速度/(kN/s)	0.01～10
压力加载精度	±1%F.S.
围压控制范围/MPa	0～30
轴向位移测量范围/mm	0～50
轴向位移分辨率/mm	0.001
环向位移测量范围/mm	0～20
环向位移分辨率/mm	0.001
试样尺寸/(mm×mm)	$\phi50×100$

2.6　试件安装及更换流程

传统仪器更换一次试件,要把整个仪器整体拆装一遍,包括乳胶套的安装、密封装置的拆卸和安装、环向位移测量模块的安装和气密性检查等,操作复杂,耗时长,且不可控变量太多。本仪器通过巧妙的结构设计,避免了环向位移测量装置的反复拆卸,实现了试件的快速安装及更换。

在仪器设计时,加大了油缸活塞杆的行程,研发了链式滚带的支撑结构,并在仪器底部设置可分离式活塞。试验结束后,通过旋转螺丝将底部活塞取出,然后通过液压加载系统驱动活塞杆将试件顶出,更换试件后再缓慢使活塞杆回到初始位置,此时试件安装完毕,具体流程如图 2-17 所示。

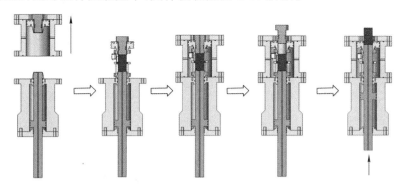

(a)提起三轴室　(b)试件和传感器　(c)降下三轴室　(d)取出底部活塞　(e)取出试件
安装

图 2-17　试件更换流程

2.7 仪器系统可靠性验证

为验证含瓦斯煤动静耦合力学与渗流试验系统的技术优势以及可靠性,进行了动静组合加载验证试验和吸附瓦斯煤变形破坏全过程中的渗透率测试试验。

2.7.1 动静组合加载验证试验

为了验证试验系统的动静组合加载功能,进行了预加静载 15 MPa 和振幅 2.5 MPa、频率 3 Hz 动载的煤岩三轴压缩力学特性测试试验,试验中同步采集煤样声发射信号。试验数据整理如图 2-18 所示。

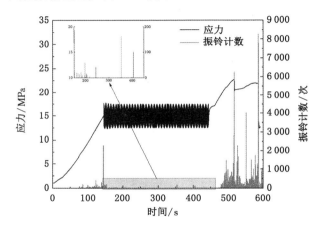

图 2-18 应力-时间-声发射振铃计数耦合曲线

从图 2-18 可以看出,在 0~15 MPa 的静载加载阶段,静态加载很平稳,当静载达到 15 MPa 时,可以平滑地切换到动载施加,且正弦波的振动循环荷载波谷值均在预设范围内,波动较小,加载精度较高,采集到的声发射信号和应力阶段亦可以很好地耦合在一起,验证了动静组合加载和声发射信号探测的可靠性。

2.7.2 渗透率测试试验

2.7.2.1 测试原理

目前,岩石渗透率的计算方法主要包括瞬态测量法和稳态测量法。瞬态测量法的原理是在煤岩体一端施加脉冲,试样内部气体在压力差的作用下发生运移,随之引起上游气体压力降低,下游气体压力升高,经过一定时间后气体流动重新达到动态平衡状态,通过测量气体压力随时间的变化曲线即可确定气体在试样中的渗透率。而稳态测量法的原理则是给试样一端施加恒定的气体压力，在压力差作用下气体在试样内部发生运移，待下游气体流量稳定后，测量下游气体流量即可计算得到试样渗透率。由于瞬态测量法对于试验设备的要求较高，操作烦琐，因此采用稳态测量法进行煤岩试样渗透率测定。

试验过程中，煤样中气体的流动遵循气体渗流理论，即煤层中的瓦斯运移符合线性渗流规律——达西定律。根据采集煤样中的气体流量以及煤样两端的气体压力，计算得到含瓦斯煤的渗透率。计算渗透系数 k 的公式如下[134]：

$$k = \frac{2Qp\mu L}{A(p_i^2 - p_o^2)} \tag{2-1}$$

式中　k——渗透率，mD；

　　　Q——标准大气压下瓦斯渗流流量，cm^3/s；

　　　p——标准大气压力，MPa；

　　　μ——气体动力黏度系数，无量纲；

　　　L——试件长度，cm；

　　　A——试样横截面面积，cm^2；

　　　p_i——进气口瓦斯压力，MPa；

　　　p_o——出气口瓦斯压力，MPa。

2.7.2.2　型煤试样准备

本试验采用与原煤力学特性变化规律具有良好一致性且力学性质稳定可控的型煤，采用新庄孜矿 B6 煤层原煤干燥后经破碎筛分后的煤粉，根据标准 GB/T 23561.1—2009，并使用文献[135]的方法制作了若干个型煤标准试样。试验气体采用 CH_4。

2.7.2.3　试验方案

为有效控制变量，验证仪器进行渗流测试试验的精确性，进行了相同型煤预制强度、相同围压、不同孔隙压力的三轴渗流试验，具体试验方案见表 2-3。

表 2-3　试验方案

序号	单轴抗压强度/MPa	孔隙压力/kPa	围压/kPa
1	2	300	700
2	2	400	700
3	2	500	700
4	2	600	700

2.7.2.4　试验结果和讨论

试验获得了 4 组含瓦斯煤样全应力应变与渗透率关系曲线，见图 2-19。

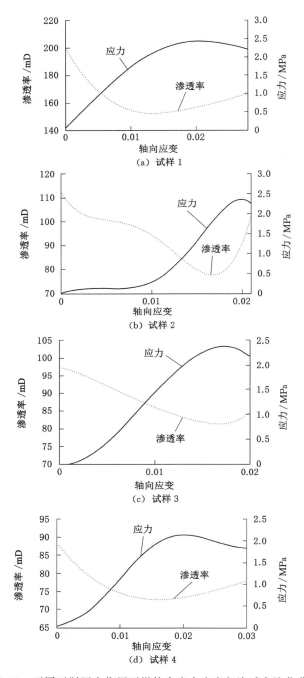

图 2-19　不同瓦斯压力作用下煤体全应力应变与渗透率演化曲线

试验获取了整个加载过程中型煤的全应力应变与渗透率的实时数据,经过分析,得出以下结论:

(1)型煤在压密阶段出现了渗透率大幅降低的现象,原因是在压密阶段型煤内部孔裂隙闭合,渗流通道减小。

(2)整个加载过程,型煤的应力应变曲线和渗透率呈现良好的耦合效应。

(3)不同孔隙压力下,型煤的渗透率演化曲线均为先降低后增大,和前人研究结论一致。

此外,前三组试验同时采集了三轴应力状态下的煤岩轴向、径向和体应变数据,试验结果如图 2-20 所示。由图中数据可知,在三轴压缩过程中,型煤的径向变形和体应变呈现出和轴向应变类似的规律。

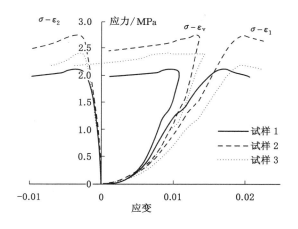

图 2-20　轴向、径向和体应变曲线

此组试验验证了仪器系统渗透测试功能的有效性和可靠性。

2.8　本章小结

(1)综合考虑深地工程煤岩体动力灾害的复杂孕灾环境和动静组合应力条件,基于现有仪器系统的不足,研发可以实现动静耦合加载的吸附瓦斯煤力学与渗流试验仪器。该系统采用模块单元化的设计思路,包括动静加载单元、三轴围压单元、流体注入单元以及信息采集单元,为后续的试验研究提供科学试验仪器和手段。

(2)该系统的先进性和创新性如下:通过巧妙的结构设计,配合动态液压油源和恒速恒压泵等先进设备,实现了试验系统的动静多场耦合加载;设计了高密封性能的内密封渗流室,攻克了传统仪器充气加载过程中密封性差的难题,可精确研究含瓦斯煤在整个受力变形过程中的渗透特性;通过自主研发的环向位移与轴向位移测量模块,与设计的水平调平机构和垂直锁定机构,实现了环向位移与轴向位移的同步精准测量;攻克了多场渗流密封一体化难题,实现了试件的快速更换,提高了试验效率与精度。

(3)利用该仪器进行了动静组合加载条件下煤岩力学与声发射参数测试试验以及含瓦斯煤变形破坏全过程中的渗透率测定试验,试验结果验证了动静加载单元的可靠性、三轴围压单元的高密封性、声发射信号探测的准确性,得到的试验规律与前人的研究成果一致,验证了该系统的有效性和精确度。

第 3 章　动静载作用下吸附瓦斯煤体损伤劣化规律

3.1　引言

深部地下工程煤岩动力灾害发生过程中,煤岩体处于高地应力和瓦斯吸附以及外部动力扰动等复杂环境中。但是针对此类复杂环境下的煤岩体,由于受限于研究手段,现有研究考虑因素不够全面。本章拟通过试验研究,综合考虑吸附瓦斯损伤劣化作用、静载变形破坏作用和动载损伤破裂作用以及三类损伤的耦合叠加效应,开展动静耦合加载条件下吸附瓦斯煤岩力学特性损伤劣化试验,研究静载应力阶段、动载能量、瓦斯压力对煤体宏观损伤特征参数如抗压强度、弹性模量的影响规律,分析瓦斯吸附、静态加载以及动态加载诱发煤体损伤劣化的机制。

3.2　动静载作用下吸附瓦斯煤岩力学特性损伤劣化试验

3.2.1　试验方案

动静叠加荷载下含瓦斯煤的失稳破坏规律与静载、动载及瓦斯压力等因素密切相关,本试验分别研究不同动载能量(主要通过调整动载的频率和动载的大小)、瓦斯吸附量(通过有效应力下不同孔隙压力实现)、静载应力阶段(如压密阶段、弹性阶段、屈服阶段)对煤体失稳破坏特性的影响。试验过程中监测试件的应力、应变、声发射等动态响应特征分别与动载能量、瓦斯压力、静载应力阶段的对应关系,并研究动载能量、瓦斯压力、静载应力阶段对试件弹性参数、宏观强度等力学参数的损伤弱化规律。整个试验的环境温度保持在 25 ℃左右,吸附性气体的吸附时间统一控制在 24 h 左右,表中数据的取值均为理论值,具体要参照实际试验中的取值。

根据文献调研和参考,多处矿区采煤工作面动载主要来自工作面掘进施工,震源能量级在 100 J 左右,且动载频率主要处于 3~6 Hz,持续时间一般在几十秒左右,且此类动载多为正弦波荷载[136]。同时,依据实际工况中煤岩体中瓦斯压力的存储条件,以及为了保证相同的有效应力(常规三轴试验中围压和孔隙压力的差值),围压设置为 1.0 MPa、1.5 MPa、2.0 MPa、2.5 MPa 四个水平,相应的气体压力设置为 0.5 MPa、1.0 MPa、1.5 MPa、2.0 MPa 四个水平。试验详细方案如表 3-1 所示。

表 3-1　试验方案

序号	动载振幅、频率	静载应力阶段	气体压力/MPa	围压/MPa
1	2.50 MPa、3 Hz	$0.50\sigma_c$	1.0	1.5
2	2.50 MPa、4 Hz	$0.50\sigma_c$	1.0	1.5
3	2.50 MPa、5 Hz	$0.50\sigma_c$	1.0	1.5
4	2.50 MPa、6 Hz	$0.50\sigma_c$	1.0	1.5
5	3.75 MPa、3 Hz	$0.50\sigma_c$	1.0	1.5
6	5.00 MPa、3 Hz	$0.50\sigma_c$	1.0	1.5
7	6.25 MPa、3 Hz	$0.50\sigma_c$	1.0	1.5
8	2.50 MPa、3 Hz	$0.35\sigma_c$	1.0	1.5
9	2.50 MPa、3 Hz	$0.65\sigma_c$	1.0	1.5
10	2.50 MPa、3 Hz	$0.80\sigma_c$	1.0	1.5
11	2.50 MPa、3 Hz	$0.50\sigma_c$	0.5	1.0
12	2.50 MPa、3 Hz	$0.50\sigma_c$	1.5	2.0
13	2.50 MPa、3 Hz	$0.50\sigma_c$	2.0	2.5

试验加载路径如图 3-1 所示,首先给试样施加预定值的围压,然后给试样注入预定压力的气体,待煤体吸附气体达到平衡状态之后,给试样施加静载至预定值,在此基础上施加预定振幅和频率的循环动载,动载扰动结束后继续静态加载至试样破坏,整个过程中试样都是处在吸附状态中。

3.2.2　煤样制备

试验所用煤样取自安徽省淮南矿区新庄孜煤矿 B6 煤层。为了保证煤样的完整性和一致性,采用 GB/T 23561.1—2009 推荐方法在工作面选取大块度(不小于 250 mm×250 mm×250 mm)的具有清晰层理结构的且表面没有明显裂隙的煤样。使用专用的钻孔取芯机从固定好的煤样上钻取直径 50 mm 的圆柱体,利用线切割设备将所取煤芯切割成长度约 100 mm 的单个煤样,并将其端面进行打磨处理。本次试验中所用的部分原煤标准试样如图 3-2 所示。

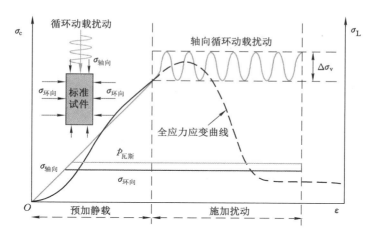

图 3-1　试验加载路径

图 3-2　试验中所用的部分原煤标准试样

　　尽管煤样采用相同工艺取自同一煤块,其相关力学参数依然具有较大的差异,因此,本书采用超声检测对其进行进一步的拣选。本书所用超声检测设备为智博联 ZBL-U5200 非金属超声波检测仪。该检测仪由检测仪主机、信号线、声波发射和接收传感器等组成,主要测量参数包括声波的传播时间(声时,μs)、速度(声速,km/s)和幅度(dB)等。根据超声检测原理,一般被测样品内部越致密,其声波的传播时间越短,速度也就越快。若是被检测试样内部有大的裂隙,其波速就会很大,因此可以排除具有较大误差的煤样。检测时为了保持煤样和传感器直接接触良好,需要涂抹一定量的凡士林作为耦合剂。检测仪具体构成和检测方法如图 3-3 所示。

　　每个煤样设置 10 个测点取数据的平均值,煤样的声波测试数据汇总如表 3-2 所示。

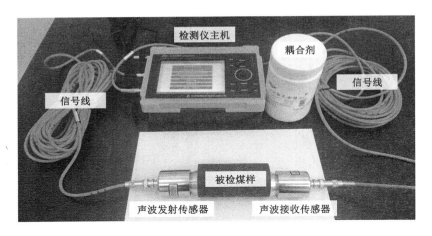

图 3-3　超声波探伤测试仪

表 3-2　煤样的声波测试数据

试样编号	测距/mm	声时/μs	波速/(km/s)	幅度/dB
1	100	48.00	2.083	143.08
2	100	47.82	2.096	144.01
3	100	47.80	2.099	144.12
4	100	48.21	2.076	142.56
5	100	48.11	2.080	142.87
6	100	47.92	2.092	143.67
7	100	47.89	2.085	143.21
8	100	48.13	2.079	142.72
9	100	47.84	2.094	143.94
10	100	47.88	2.090	143.43
11	100	48.03	2.081	143.11
12	100	47.91	2.096	143.65
13	100	48.23	2.072	143.02
14	100	47.99	2.085	143.24
15	100	47.96	2.088	143.25

　　由表 3-2 可知,煤样探伤的声时分布范围为 $47 \sim 49$ μs,波速分布范围为 $2.07 \sim 2.10$ km/s,振幅分布范围为 $142 \sim 145$ dB。由此说明,拣选的煤样的致密

度和裂隙发育程度都在同一水平,力学参数较为相似,满足本书试验要求。

3.2.3　试验步骤

（1）按照 2.6 节中论述的方法装载试样,确保整个安装过程中密封圈无遗漏,且各个部件之间的紧固螺栓连接完好。

（2）启动真空泵进行抽真空操作,设定需要的围压值后启动恒速恒压泵,向围压室注入高压液压油,需要注意充油过程中需要排出围压室内部残留空气,防止其造成围压波动。启动动态液压加载系统,按照试验加载路径对试样施加 2 MPa 的初始轴向荷载。

（3）打开高压气瓶,调整出口压力至设定值,该过程中需要始终保证气体压力小于围压,避免气体直接绕过试样流过。

（4）进行声发射传感器的耦合和布置。声发射探头底部涂抹耦合剂,利用声发射探头固定装置将其固定在加载活塞表面,调整声发射监测系统参数,做好测试准备。

（5）待煤样达到吸附平衡之后（吸附时间 24 h）,首先按照速率 0.1 mm/min进行等速位移加载,等试验力达到预定值之后进行循环动载加载,动载加载完毕后继续按照等速位移模式加载直到试样发生破坏。

（6）待煤样破坏后,停止试验,保存数据,关闭气瓶,释放仪器内部气体,当轴向和环向荷载卸除后更换试样,调整围压和注入气压值再次进行试验,直至完成全部测试。

3.3　煤岩体宏观力学特性损伤劣化规律分析

为了更好地对比动载作用前后煤岩体的损伤劣化效应,首先进行了围压1.5 MPa、瓦斯压力 1.0 MPa、不加动载的三轴压缩试验。为保障数据的准确性,每组试验均做 3 次取均值,试验得到此状态下的煤岩三轴抗压强度为31.36 MPa（下文中的 σ_c）。下文分析不同动载、静载应力阶段和吸附气体压力条件下的煤体损伤劣化规律与机制。

3.3.1　循环动载频率对吸附瓦斯煤损伤劣化的影响规律

3.3.1.1　应力-应变曲线分析

在围压 1.5 MPa、瓦斯压力 1.0 MPa、静载 $0.5\sigma_c$ 的条件下,相同振幅（2.50 MPa）、不同频率（3 Hz、4 Hz、5 Hz、6 Hz）循环动载作用下的吸附瓦斯煤的损伤劣化应力-应变曲线如图 3-4 所示。由图中曲线可知,不同频率循环动载率作用下吸附瓦斯煤的常规三轴加载变形破坏过程可分为压密阶段、线弹性阶

段、动载扰动损伤阶段、屈服破坏阶段。在压密阶段中,煤岩体曲线呈现上凹形变
化规律,此时应力的增长速度也较慢,原因是此时由于轴向荷载的作用,煤岩体内
部一些大的孔裂隙开始闭合,所以才会导致应变快速增长但是应力增长缓慢的现
象发生。但是随着内部较大的孔裂隙的闭合,煤岩体变得更加密实,此时应力的增
长也变得迅速起来。随着轴向应力的进一步增大,煤岩体进入线弹性阶段。此阶
段煤岩体的应力-应变曲线接近一条直线,和材料力学中的理论结果一致。紧接着
进入动载扰动损伤阶段,此时由于循环动载的存在,应力-应变曲线出现滞回环,但
是由于动载频率为 3～6 Hz,所以滞回环比较密集。在动载结束后,恢复到动载施
加的初始阶段时,应变并未完全恢复,因为此时的煤样在循环动载的作用下,在弹
性阶段内也产生了一定的裂隙和损伤。最后,随着轴向压力接近煤岩体的三轴抗
压强度,煤岩体进入屈服破坏阶段。此阶段中,煤岩体内部的新生裂隙数量急剧上
升,甚至产生大的宏观裂隙,最终导致煤岩体失去承载力,发生破坏。

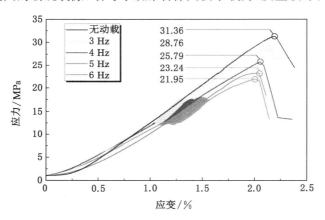

图 3-4　不同频率循环动载下吸附瓦斯煤应力-应变曲线

3.3.1.2　强度、弹性模量劣化分析

借鉴 Viete 等[137]的研究成果和经验,用循环动载作用下的煤体抗压强度和弹
性模量的变化量表征其劣化程度,从试验数据得出不同循环动载频率下吸附瓦斯
煤样强度和变形数据,由于本书试验中在弹性阶段给试样施加循环动载,故其中弹
性模量选用应力-应变曲线中囊括动载施加过程的阶段进行计算,计算公式如下:

$$E = \frac{\Delta\sigma}{\Delta\varepsilon} = \frac{\sigma_2 - \sigma_1}{\varepsilon_2 - \varepsilon_1} \qquad (3-1)$$

式中　σ_1——40%峰值强度点处的应力值,MPa;

　　　ε_1——40%峰值强度点处的应变值,%;

σ_2——70％峰值强度点处的应力值，MPa；

ε_2——70％峰值强度点处的应变值，％。

不同循环动载频率下吸附瓦斯煤样的强度变化规律如图 3-5 所示，由图可见，与不加循环动载的煤样相比，循环动载的存在显著加剧了煤样峰值强度的劣化。当给吸附瓦斯煤样施加 3 Hz 的循环动载时，煤样的峰值强度由不加动载时的 31.36 MPa 衰减至 28.76 MPa，劣化率达 8.3％。而且随着动载频率的增大，其劣化率越来越大，当循环动载的频率为 4 Hz、5 Hz 和 6 Hz 时，吸附瓦斯煤样的峰值强度分别衰减至 25.79 MPa、23.24 MPa 和 21.95 MPa，对应的劣化率分别为 17.8％、25.9％和 30.0％。从图中还可以得出，当循环动载频率大于 5 Hz 后，其强度的衰减速率开始减缓。

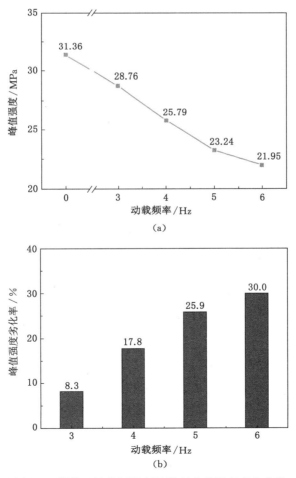

图 3-5　煤样三轴抗压强度随循环动载频率变化曲线

煤样的弹性模量和强度呈现相似的演化规律,具体如图 3-6 所示。随着动载频率的增大,煤样的弹性模量逐渐降低。不加动载的煤样弹性模量约为 1 665 MPa,而当煤样受到 3 Hz、4 Hz、5 Hz、6 Hz 频率的循环动载后,弹性模量分别降低至 1 480 MPa、1 340 MPa、1 295 MPa 和 1 082 MPa,劣化率分别为 11.1%、19.5%、22.2% 和 35.0%。可见,循环动载对煤样的劣化效应不容轻视。

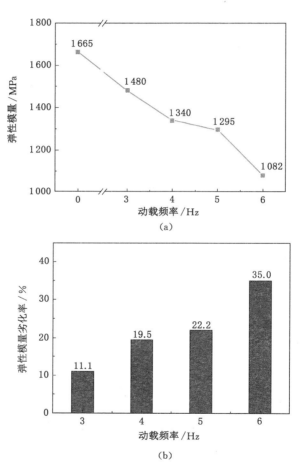

图 3-6 煤样弹性模量随循环动载频率变化曲线

3.3.1.3 煤岩强度劣化时程分析

在 15 MPa 的静载和 1.0 MPa 的瓦斯压力条件下,不同频率循环动载作用下煤岩体的时程加载曲线如图 3-7 所示。循环动载的作用频率为 3~6 Hz,振幅为 2.50 MPa,其作用时间为 300 s。从图中曲线可以得出,循环动载作用下的煤岩体应力-应变曲线同频耦合变化。此外,动载作用初始时刻的应变值均小于动载作用后同一应力水平下的应变值。以动载频率 3 Hz 的动载作用时程曲线为例,动载作用初始时刻,轴向静载为 15 MPa,对应的应变为 1.152%;当动载作用过后,轴向静载再次回到 15 MPa 的时候,对应的应变为 1.215%,出现了一定量的塑性变形。由此说明即使是在煤岩体的弹性阶段,循环动载的作用依然会使煤岩内部产生不可逆的损伤。

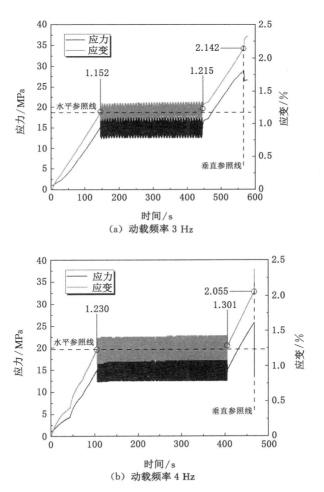

(a) 动载频率 3 Hz

(b) 动载频率 4 Hz

图 3-7　不同频率动载下煤样时程曲线

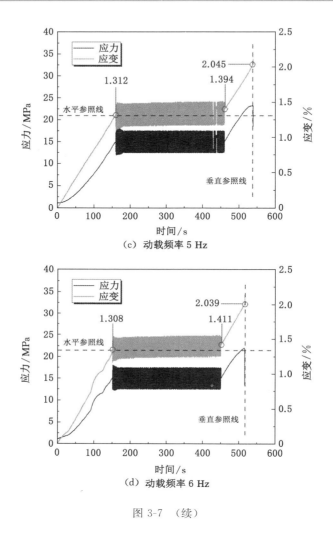

图 3-7 （续）

不同频率循环动载完成后煤岩体产生的屈服应变如图 3-8 所示。从图中可以看出,当动载频率分别为 3 Hz、4 Hz、5 Hz、6 Hz 时,动载完成后煤岩体的屈服应变分别为0.063％、0.071％、0.082％、0.103％,说明在弹性阶段中,煤岩体因动载作用产生的损伤增长幅度和动载频率正相关,且当动载频率超过 5 Hz 时,有加速增长的趋势。

同时,整理得到不同循环动载作用下煤岩体发生破坏时的极限应变及其和不加动载煤样的极限应变对比的提前率,如图 3-9 所示。由图可见,在施加振幅为 2.50 MPa,频率为 3 Hz、4 Hz、5 Hz、6 Hz 四种动载下,煤岩体发生破坏时的极限应变不断降低,分别为 2.142％、2.055％、2.045％、2.039％,和不加动载煤样

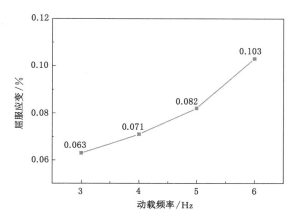

图 3-8　不同频率动载作用下煤岩体产生的屈服应变

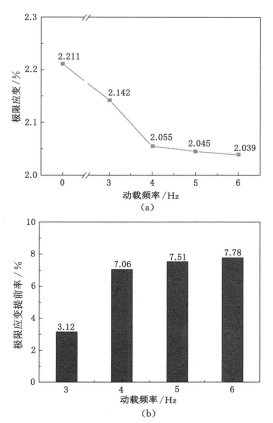

图 3-9　不同频率动载作用下煤岩体失去承载力时的极限应变及其提前率

的极限应变对比的提前率分别为 3.12％、7.06％、7.51％、7.78％。从图中还可以看出，当频率大于 3 Hz 后，煤岩体发生破坏时的极限应变的提前程度逐渐减小。以上数据说明煤岩在不同频率的动载加载下，内部裂隙二次发育，且发育程度随着动载频率的增大而增大，导致煤岩体越来越早地进入屈服破坏阶段，进一步证实了循环动载对煤岩体的损伤劣化作用。

3.3.1.4 声发射特性分析

本次试验监测了整个动静载加载过程中的煤岩体声发射信号，采集到了包括振铃计数、能量以及振幅在内的多个声发射参数，并对其进行拣选和分析，具体分析在下文中详述。

（1）振铃/累计振铃计数

首先分析声发射参数中的振铃计数演化规律，不同频率循环动载作用下煤岩体应力-应变和振铃/累计振铃计数-应变耦合关系曲线如图 3-10 所示。

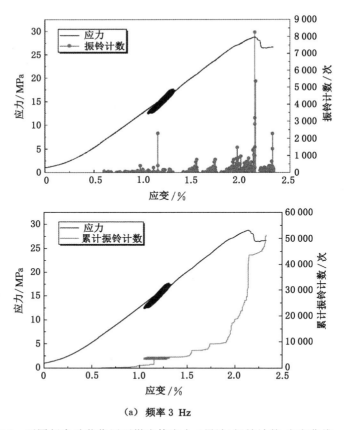

（a）频率 3 Hz

图 3-10　不同频率动载作用下煤岩体应力-（累计）振铃计数-应变曲线

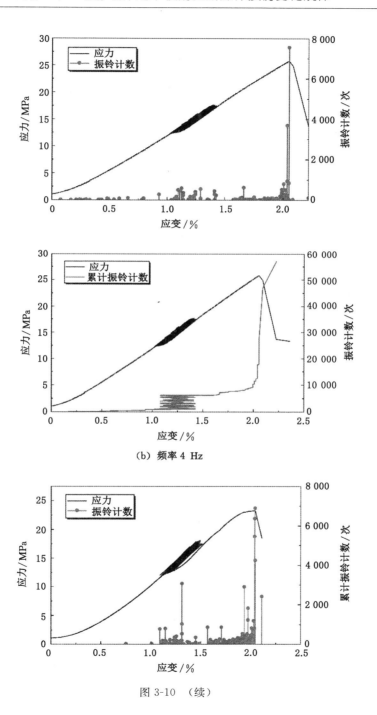

（b）频率 4 Hz

图 3-10　（续）

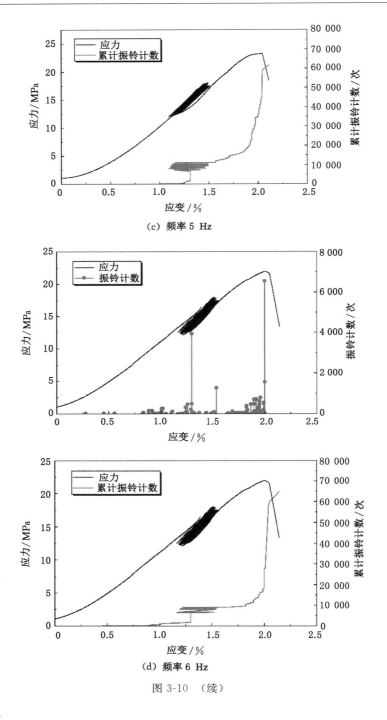

（c）频率 5 Hz

（d）频率 6 Hz

图 3-10 （续）

其次分析声发射参数中的能量演化规律,不同频率循环动载作用下煤岩体应力-应变和能量/累计能量-应变耦合关系曲线如图 3-11 所示。

从图 3-10 和图 3-11 可以看出,煤体应力-应变曲线和声发射(累计)振铃计数以及(累计)能量具有良好的耦合对应关系,具体的可分段描述。根据声发射信号的演化特征,可将其分为以下五个阶段来描述:

Ⅰ平静期:此阶段的声发射信号较少,是因为此阶段对应煤体应力-应变曲线的压密阶段,压缩过程中基本不产生破裂信号。

Ⅱ缓增期:此阶段的声发射信号开始缓慢上升,对应应力-应变曲线的线弹性阶段。随着荷载的逐渐增大,煤岩体发生弹性变形,煤岩体内部产生一些零星的破裂。

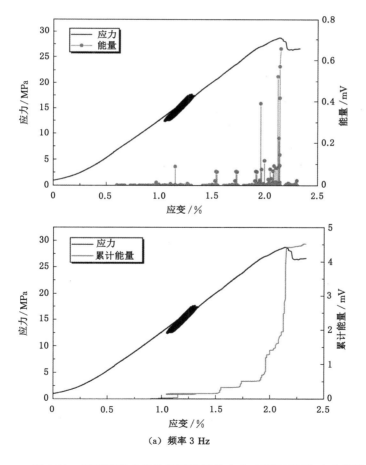

(a) 频率 3 Hz

图 3-11　不同频率动载作用下煤岩体应力-(累计)能量-应变曲线

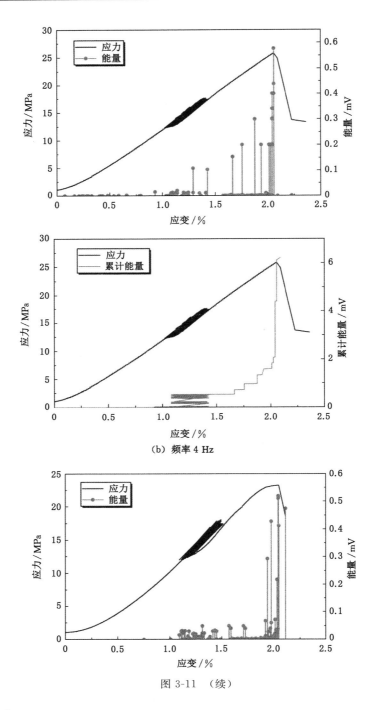

（b）频率 4 Hz

图 3-11 （续）

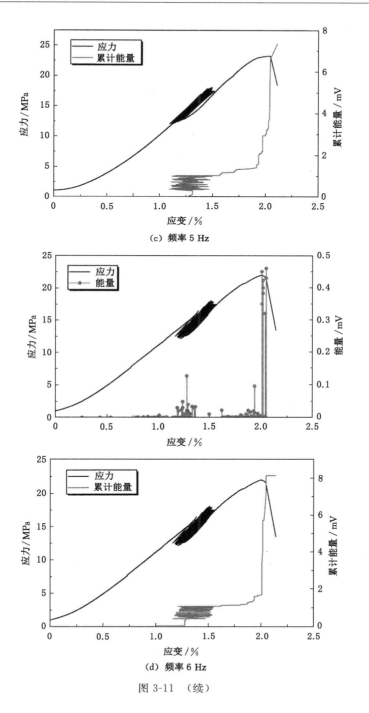

(c) 频率 5 Hz

(d) 频率 6 Hz

图 3-11 （续）

Ⅲ动载稳增期：该阶段处于循环动载施加的前期。突然给煤样施加一定振幅和频率的动载，导致煤样内部产生一定损伤。通过试验数据可知，在动载施加初期，煤体损伤持续加剧，由于动载施加处在弹性变形阶段，所以在动载施加中期和末期，未见声发射事件发生。

Ⅳ突增期：随着荷载的进一步增大，煤体应力应变进入屈服破坏阶段，此阶段煤岩体内部产生大量的新生裂隙，并伴随着很多原生裂隙的扩展，煤体的损伤程度急剧增大，对应的声发射信号也快速上升。当荷载进一步增大至煤岩体强度峰值时，煤岩体失去承载力发生宏观破坏，此时声发射信号达到最大值。

Ⅴ稳定期：当煤岩体失去承载力后，块体之间的相对作用停止，声发射信号趋于平稳。

不同频率动载作用下，煤体应力应变和声发射振铃计数、能量耦合曲线如图 3-12 和图 3-13 所示。

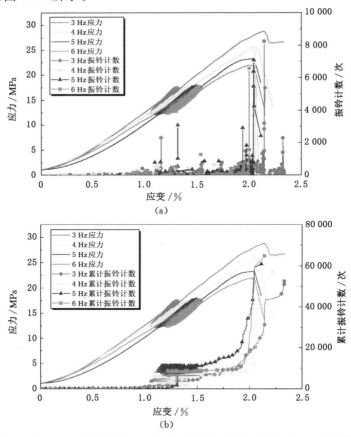

图 3-12　不同频率动载作用下煤岩体应力-(累计)振铃计数-应变曲线汇总

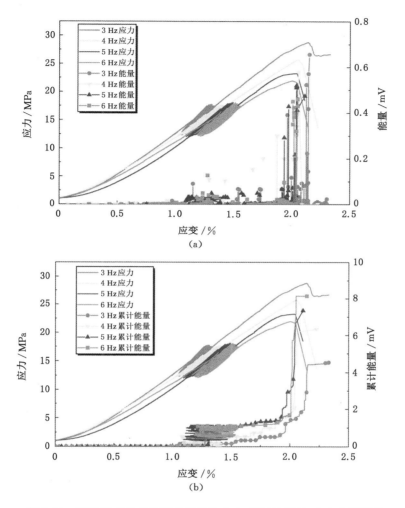

图 3-13　不同频率动载作用下煤岩体应力-(累计)能量-应变曲线汇总

　　从图 3-12 和图 3-13 可以看出,在循环动载的作用阶段,累计振铃计数和累计能量均在稳定增加,说明动载作用会对煤体产生一定量的累计损伤。此外,振铃计数和能量的最大值,均出现在煤体应力-应变曲线的峰值破坏处。但是不同循环动载频率下声发射振铃计数和能量的峰值与累计振铃计数和累计能量的峰值却呈现出了不同的变化规律:随着动载频率的增大,其振铃计数峰值与能量峰值逐渐降低,但是累计振铃计数和累计能量的峰值却逐渐升高。原因是随着动载频率的增大,煤体在峰前阶段就累积了更多的损伤,无论是原生裂隙的扩展还是新生裂隙的产生，都已经发展到一个较高的水平，从而导致煤体出现"软化"现象，在声发射振铃计数和能量峰值方面表现出下降的趋势；但是随着动载频率的增大，其整个应力应变过程产生的损伤越来越多，且产生的裂纹数量也越来越多，裂隙发育的程度也越来越高，所以会在累计声发射振铃计数和累计能量方面表现出上升的趋势。

（2）振幅和声发射 b 值

不同频率循环动载作用下煤样三轴压缩过程中应力、声发射振幅与应变的变化情况如图 3-14 所示。首先，煤样的声发射振幅绝大多数落于 $40\sim80$ dB 的区间内。随着煤体应力-应变曲线的阶段推进，声发射振幅呈上升趋势，且最大振幅均出现在强度峰值破坏处。在整个加载过程中，振幅发展曲线和应力-应变曲线呈现耦合性变化规律：在煤体的压密阶段，振幅值普遍较小，且散点图中的振幅点也较少；当进入弹性阶段后，振幅值稍微增大，且振幅点也随之增多；当进入动载扰动阶段后，振幅值上升至较大数值，且振幅点数加速增多，最终在强度峰值处振幅值和振幅点数都骤增，且达到振幅最大值。整个加载过程煤样声发射振幅散点图出现分区分布的特点，即在动载扰动阶段和峰值强度处出现两个峰值。此外，随着动载频率的增大，煤体加载过程中出现的最大振幅值越来越小，从频率为 3 Hz 时的 79 dB 降低至频率为 6 Hz 时的 66.7 dB，即随着损伤的加剧，煤体破坏时所需要的能量越来越小，煤体的"脆性"也越来越低。

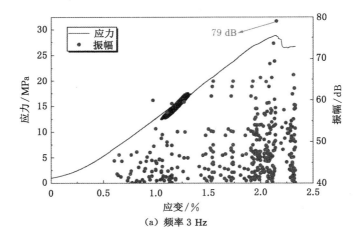

（a）频率 3 Hz

图 3-14　不同频率动载作用下煤岩体应力、声发射振幅与应变的关系曲线

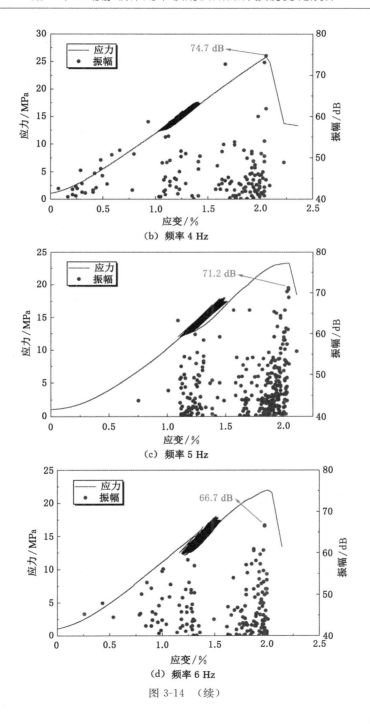

（b）频率 4 Hz

（c）频率 5 Hz

（d）频率 6 Hz

图 3-14 （续）

不同频率循环动载作用下煤岩体声发射振幅分布柱状图如图 3-15 所示。从图中可以看出,当动载频率为 3 Hz 时,振幅在(65,80] dB 区间内的占比为49%,说明此时细小裂纹的产生与扩展较少,贯穿型裂纹或宏观裂纹较多。而当动载频率为 6 Hz 时,振幅在(65,80] dB 区间内的占比仅为 9%,说明此时煤样内部裂纹可能以扩展为主,贯穿型裂纹较少。总体规律为随着动载频率的增大,声发射高振幅占比逐渐降低,且逐步往低振幅区域移动。

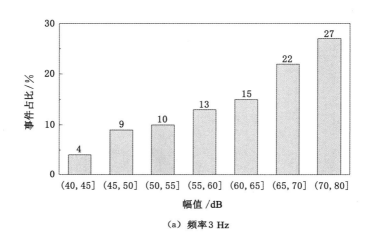

(a) 频率 3 Hz

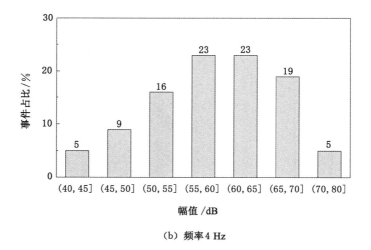

(b) 频率 4 Hz

图 3-15　不同频率动载作用下煤岩体声发射振幅分布柱状图

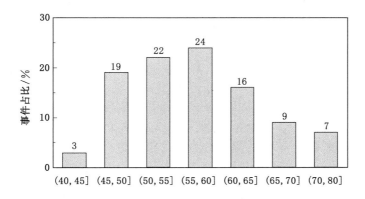

（c）频率 5 Hz

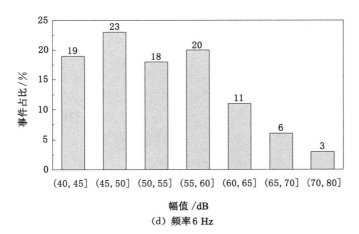

（d）频率 6 Hz

图 3-15　（续）

美国学者 B.Gutenberg 和 C.F.Richter 基于世界各地的地震调研,提出了著名的 G-R 关系式[138]:

$$\lg N = a - bM \tag{3-2}$$

式中　M——地震震级;

N——1 个震级中大于 M 的事件数;

a、b——常数。

从几何学上解释,声发射 b 值为曲线的斜率,且声发射大振幅事件越多, b 值就越小。而从物理意义上可知,b 值其实反映了大振幅(地震)相对于小振幅(地震)的比例:b 值越大,说明小事件所占的比例越大,表现为煤岩内部的微裂纹越多;b 值越小,说明大事件所占比例越大,表现为内部裂纹扩展和大裂纹产生越多[139-141]。

在声发射的参数中,并没有地震等级这一参数,借鉴前人的经验,采用声发射振幅的 1/20 来代替震级 M[142-143]。本书中 b 值的计算方法采用最小二乘法,其中 ΔM 为 0.3 dB,计算得到声发射 b 值随动载频率的变化情况如图 3-16 所示。从图中可以看出,随着循环动载频率的增大,声发射 b 值呈现逐渐增大的趋势,表明随着动载频率的升高,煤体内大尺度声发射事件逐渐减少,这与前文中的振幅分布表现出较好的一致性。

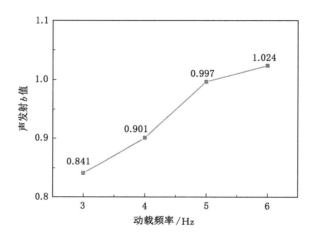

图 3-16　不同频率动载作用下煤岩体声发射 b 值

3.3.2　循环动载振幅对吸附瓦斯煤损伤劣化的影响规律

3.3.2.1　应力-应变曲线分析

在围压 1.5 MPa、瓦斯压力 1.0 MPa、静载 $0.5\sigma_c$ 的条件下,相同振动频率(3 Hz)、不同振幅(2.50 MPa、3.75 MPa、5.00 MPa、6.25 MPa)循环动载作用下的吸附瓦斯煤的损伤劣化应力-应变曲线如图 3-17 所示。由应力-应变关系曲线可知,不同振幅循环动载作用下吸附瓦斯煤的常规三轴加载变形破坏过程也可分为类似的压密阶段、线弹性阶段、动载扰动损伤阶段、屈服破坏阶段,每个阶段也呈现出和不同动载频率相似的规律:在压密阶段中,煤岩体曲线呈现和前文类似的上凹形变化规律,此时应力的增长速度也较慢。但是随着内部较大的孔裂隙的闭合,煤岩体变得更加密实,此时应力的增长也变得迅速起来。随着轴向应力的进一步增大,煤岩体进入线弹性阶段。紧接着进入动载扰动损伤阶段,此时由于循环动载振幅的不同,应力-应变曲线出现的滞回环幅度和跨度也不同,动载振幅 6.25 MPa 时最为明显。同样,在循环动载结束后,应力恢复到动载施加的初始阶段时,应变并未完全恢复。最后,随着轴向压力接近煤岩体的三轴抗压强度,煤岩体进入屈服破坏阶段。此阶段中,煤岩体内部的新生裂隙数量急剧上升,甚至产生大的宏观裂隙,最终导致煤岩体失去承载力,发生破坏。

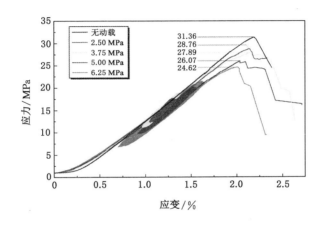

图 3-17　不同振幅循环动载作用下的吸附瓦斯煤应力-应变曲线

3.3.2.2　强度、弹性模量劣化分析

　　不同振幅循环动载作用下吸附瓦斯煤样三轴抗压峰值强度的变化曲线如图 3-18 所示。以不加动载作用的煤样为基准值,循环动载的存在显著加剧了煤样三轴抗压峰值强度的劣化。其中振幅为 6.25 MPa 时,其动载变化范围已经大于其峰值破坏强度的 50%,当振幅继续增大时,煤样在动载施加几个周期内就发生了破坏,所以最大振幅只设置到 6.25 MPa。当给吸附瓦斯煤样施加振幅为 2.50 MPa 的循环动载时,煤样的峰值强度由不加动载时的 31.36 MPa 衰减至 28.76 MPa,劣化率达 8.3%。而且随着动载振幅的增大,其劣化率越来越大,当循环动载的振幅为 3.75 MPa、5.00 MPa 和 6.25 MPa 时,吸附瓦斯煤样的峰值强度分别衰减至 27.89 MPa、26.07 MPa 和 24.62 MPa,对应的劣化率分别为11.1%、16.9% 和 21.5%。

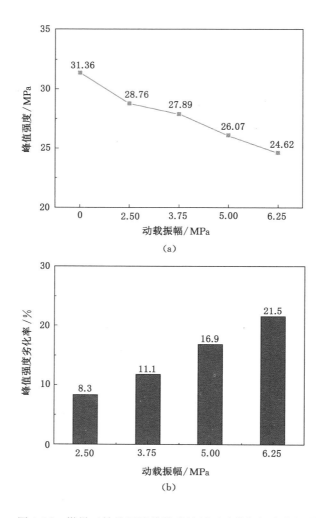

图 3-18 煤样三轴抗压峰值强度随循环动载振幅变化规律

煤样的弹性模量与强度呈现相似的演化规律,具体如图 3-19 所示。随着动载振幅的增大,煤样的弹性模量逐渐降低。不加动载的煤样弹性模量约为 1 665 MPa,而当煤样受到振幅为 2.50 MPa、3.75 MPa、5.00 MPa 和 6.25 MPa 的循环动载后,弹性模量分别降低至 1 480 MPa、1 397 MPa、1 319 MPa 和 1 199 MPa,劣化率分别为 11.1%、16.1%、20.8% 和 28.0%。可见,循环动载振幅对煤样的劣化效应也不容轻视。

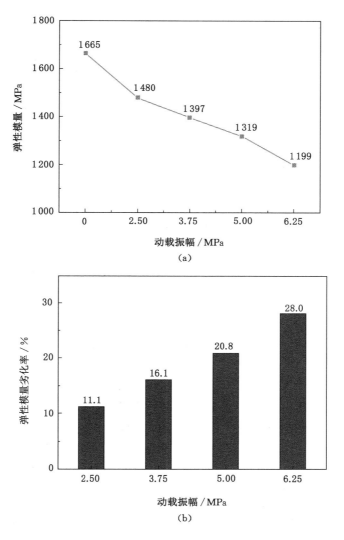

图 3-19　煤样弹性模量随循环动载振幅变化规律

3.3.2.3　煤岩强度劣化时程分析

在 15 MPa 的静载和 1.0 MPa 的瓦斯压力条件下,不同振幅循环动载作用下煤岩体的时程加载曲线如图 3-20 所示。循环动载的作用频率为 3 Hz,振幅为 2.50 MPa、3.75 MPa、5.00 MPa 和 6.25 MPa,其作用时间为 300 s。从图中曲线可以看出,不同振幅循环动载作用下的煤岩体应力-应变曲线同频耦合变化。

此外,动载作用初始时刻的应变值均小于动载作用后同一应力水平下的应变值。以动载振幅 3.75 MPa 的动载作用时程曲线为例,动载作用初始时刻,轴向静载为 15 MPa,对应的应变为 1.131%,当动载作用过后,轴向静载再次回到 15 MPa 的时候,对应的应变为 1.214%,出现了一定量的塑性变形。由此进一步说明动载频率、静载阶段和瓦斯压力一定时,不同振幅循环动载也会使煤岩在弹性阶段发生屈服变形,产生不可逆转的损伤。

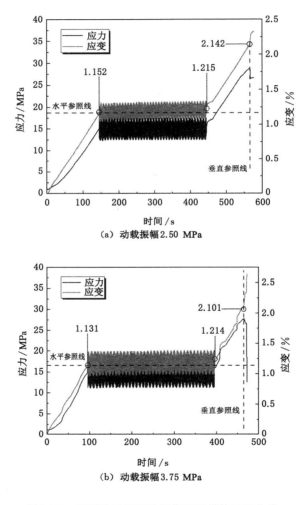

（a）动载振幅 2.50 MPa

（b）动载振幅 3.75 MPa

图 3-20　不同振幅循环动载作用下煤体时程曲线

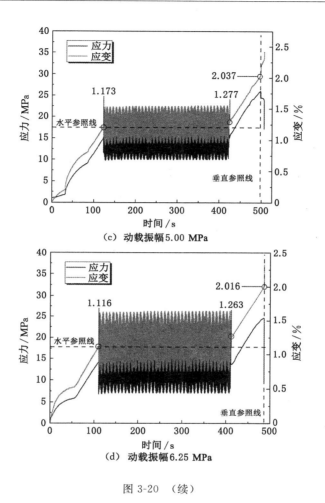

图 3-20　（续）

　　不同振幅循环动载完成后煤岩体产生的屈服应变如图 3-21 所示。从图中可以看出,当动载振幅分别为 2.50 MPa、3.75 MPa、5.00 MPa 和 6.25 MPa 时,动载完成后煤岩体的屈服应变分别为 0.063%、0.083%、0.104%、0.147%,说明在弹性阶段中,煤岩体因动载作用产生的损伤增长幅度和动载振幅正相关,且当动载振幅超过 5.00 MPa 时,有加速增长的趋势。

　　同时,整理得到不同振幅循环动载作用下煤岩体发生破坏时的极限应变及其和不加动载煤样的极限应变对比提前率,如图 3-22 所示。由图可见,在施加频率为 3 Hz,振幅为 2.50 MPa、3.75 MPa、5.00 MPa 和 6.25 MPa 的循环动载下,煤岩体发生破坏时的极限应变不断降低,分别为 2.142%、2.101%、2.037%、

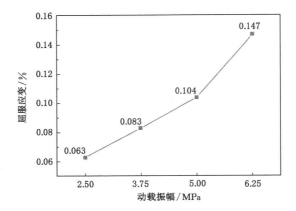

图 3-21 不同振幅循环动载作用下煤体产生的屈服应变

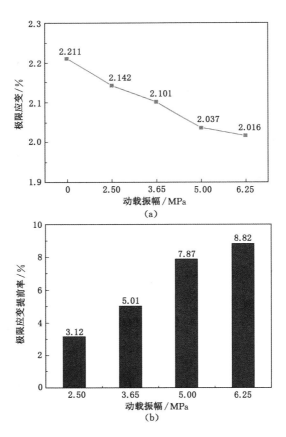

图 3-22 不同振幅动载作用下煤岩体失去承载力时的极限应变及其提前率

2.016%,和不加动载煤样的极限应变对比,提前率分别为 3.12%、5.01%、7.87%、8.82%。以上数据说明煤岩在不同振幅的动载加载下,内部裂隙二次发育,且发育程度随着动载振幅的增大而增大,导致煤岩体越来越早地进入屈服破坏阶段,进一步证实了循环动载对煤岩体的损伤劣化作用。

3.3.2.4　声发射特性分析

（1）振铃/累计振铃计数和能量/累计能量

首先分析声发射参数中的振铃计数演化规律,不同振幅循环动载作用下煤岩体应力-应变和振铃/累计振铃计数-应变耦合关系曲线如图 3-23 所示。

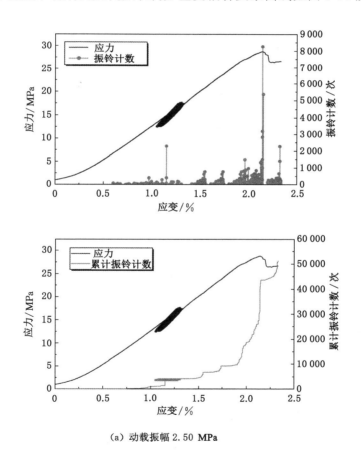

(a) 动载振幅 2.50 **MPa**

图 3-23　不同振幅动载作用下煤岩体应力-(累计)振铃计数-应变曲线

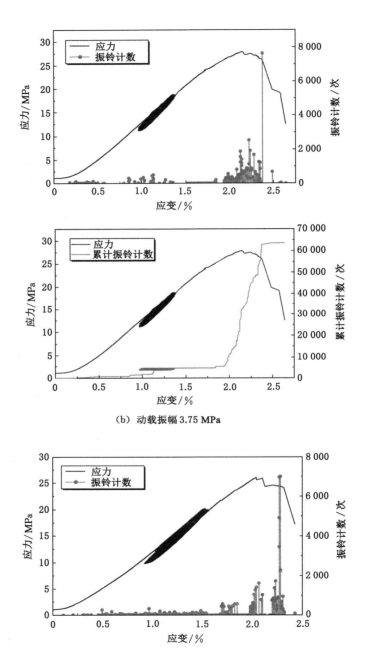

（b）动载振幅 3.75 MPa

图 3-23 （续）

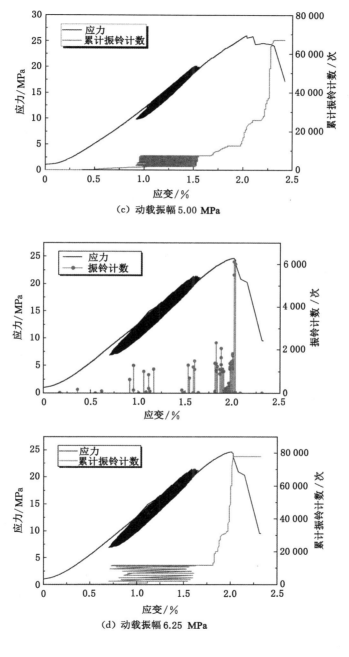

（c）动载振幅 5.00 MPa

（d）动载振幅 6.25 MPa

图 3-23　（续）

其次分析声发射参数中的能量演化规律,不同振幅循环动载作用下煤岩体应力-应变和能量/累计能量-应变耦合关系曲线如图 3-24 所示。

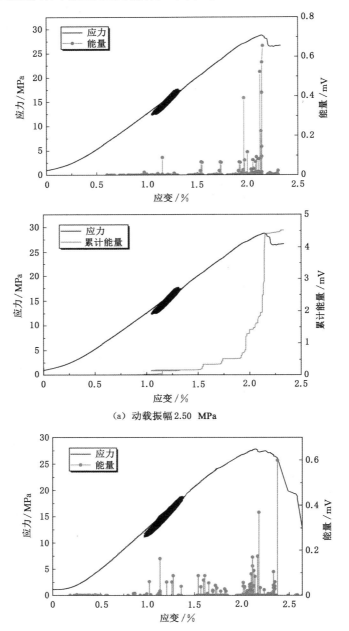

(a) 动载振幅2.50 MPa

图 3-24　不同振幅循环动载作用下煤岩体应力-(累计)能量-应变曲线

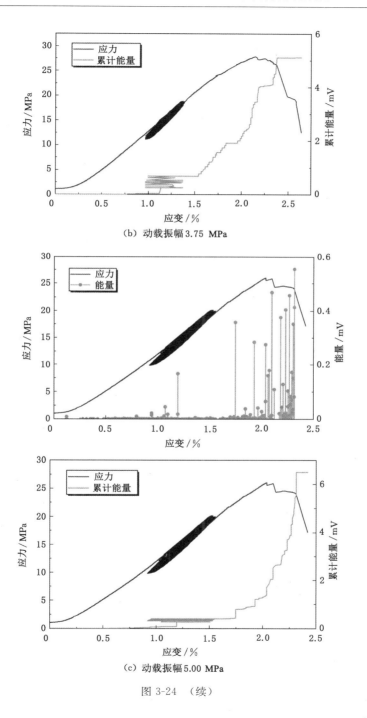

（b）动载振幅 3.75 **MPa**

（c）动载振幅 5.00 **MPa**

图 3-24　（续）

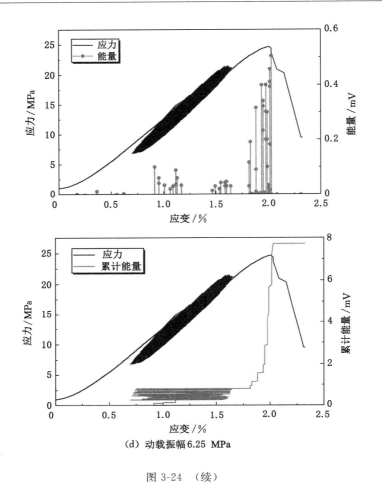

（d）动载振幅6.25 MPa

图 3-24 （续）

不同振幅循环动载作用下的煤样声发射信号演化过程仍可分为以下五个阶段：

Ⅰ平静期：此阶段的声发射信号较少，是因为此阶段对应煤体应力-应变曲线的压密阶段，压缩过程中基本不产生破裂信号。

Ⅱ缓增期：此阶段的声发射信号开始缓慢上升，对应应力-应变曲线的线弹性阶段。随着荷载的逐渐增大，煤岩体发生弹性变形，煤岩体内部产生一些零星的破裂。

Ⅲ动载稳增期：该阶段处于循环动载施加的前期。突然给煤样施加一定振幅和频率的动载，导致煤样内部发生一定损伤，通过试验数据可知，在动载施加初期,煤体损伤持续加剧,由于动载施加处在弹性变形阶段,所以在动载施加中期和末期,未见声发射事件发生。

Ⅳ突增期:随着荷载的进一步增大,煤体应力-应变曲线进入屈服破坏阶段,煤体的损伤程度急剧增大,对应的声发射信号也快速上升。

Ⅴ稳定期:当煤岩体失去承载力后,块体之间的相对作用停止,声发射信号趋于平稳。

不同振幅循环动载作用下,煤体应力应变和声发射振铃计数、能量耦合曲线如图 3-25 和图 3-26 所示。

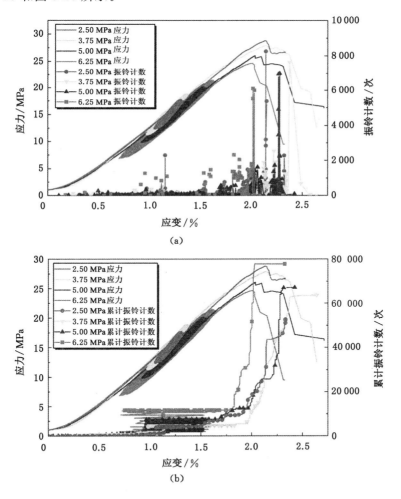

图 3-25　不同振幅动载作用下煤岩体应力-(累计)振铃计数-应变曲线汇总

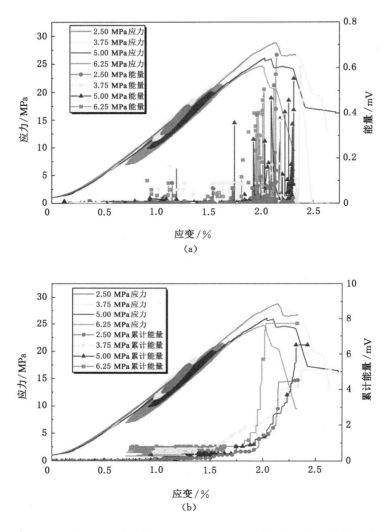

图 3-26　不同振幅动载作用下煤岩体应力-(累计)能量-应变曲线汇总

　　从图中可以看出,在不同振幅循环动载的作用阶段,累计振铃计数和累计能量均在稳定增加。此外,振铃计数和能量的最大值同样均出现在煤体应力-应变曲线的峰值破坏处。但是不同振幅循环动载下声发射振铃计数和能量的峰值与累计振铃计数和累计能量的峰值却呈现出了不同的变化规律:随着动载振幅的增大,其振铃计数峰值与能量峰值逐渐降低,但是累计振铃计数和累计能量的峰值却逐渐升高。原因是随着动载振幅的增大,煤体在峰前阶段就累积了更多的损伤,无论是原生裂隙的扩展还是新生裂隙的产生,都已经发展到一个较高的水平,在声发射振铃计数和能量峰值方面表现出下降的趋势;但是随着动载频率的增大,其整个应力应变过程产生的损伤越来越多,且产生的裂纹数量也越来越多,裂隙发育的程度也越来越高,所以会在累计声发射振铃计数和累计能量方面表现出上升的趋势,整体规律和不同动载频率作用下的规律基本一致。

(2)振幅和声发射 b 值

不同振幅循环动载作用下煤样三轴压缩过程中应力和声发射振幅随应变的变化情况如图 3-27 所示。首先,煤样的声发射振幅绝大多数落于 40~80 dB 的区间内。随着煤体应力-应变曲线的阶段推进,声发射振幅呈上升趋势,且最大振幅均出现在强度峰值破坏处。在整个加载过程中,声发射振幅发展曲线和应力-应变曲线表现出耦合性变化规律:在煤体的压密阶段,声发射振幅值比较小;且散点图中的声发射振幅点也较少;在弹性阶段,声发射振幅值稍微变大,且声发射振幅点也随之增多;当进入动载扰动阶段后,声发射振幅值上升至较大数值,且声发射振幅点数加速增多,最终在强度峰值处声发射振幅值和声发射振幅点数都突增,且达到声发射振幅峰值。整个加载过程煤样声发射振幅散点图出现集中分布的特点,即在动载扰动阶段和峰值强度处出现两个峰值。此外,随着动载振幅的增大,煤体加载过程中出现的声发射振幅的最大幅值越来越小,从动载振幅为 2.50 MPa 时的 79 dB 降低至动载振幅为 6.25 MPa 时的 62.4 dB,即随着损伤的加剧,煤体破坏时所需要的能量越来越小,煤体的"脆性"也越来越低。

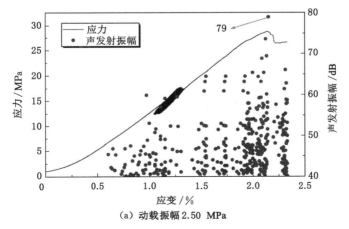

(a)动载振幅2.50 MPa

图 3-27   不同振幅循环动载作用下煤岩体应力和声发射振幅与应变关系曲线

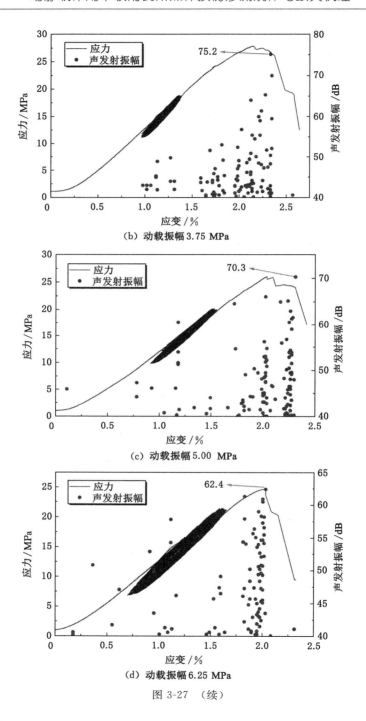

（b）动载振幅 3.75 MPa

（c）动载振幅 5.00 MPa

（d）动载振幅 6.25 MPa

图 3-27 （续）

同样,不同振幅循环动载作用下煤岩体声发射振幅分布柱状图如图 3-28 所示。从图中可以看出,当动载振幅为 2.50 MPa 时,声发射振幅在(65,80] dB 区间内的占比为 49%,说明此时细小裂纹的产生与扩展较少,贯穿型裂纹或宏观裂纹较多。而当动载振幅为 6.25 MPa 时,声发射振幅在(65,80] dB 区间内的占比仅为 18%,说明此时煤样内部裂纹可能以扩展为主,贯穿型裂隙较少。总体规律为随着动载振幅的增大,声发射高振幅占比逐渐降低,且逐步往低振幅区域移动,此规律和不同频率动载作用下的规律一致。

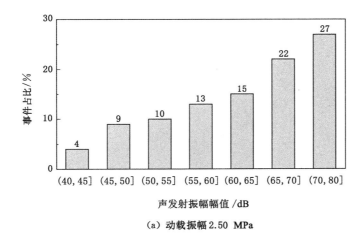

（a）动载振幅 2.50 MPa

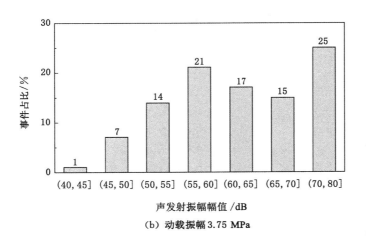

（b）动载振幅 3.75 MPa

图 3-28　不同振幅动载作用下煤岩体声发射振幅分布柱状图

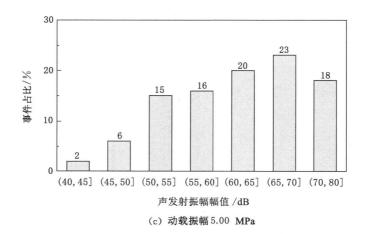

（c）动载振幅 5.00 MPa

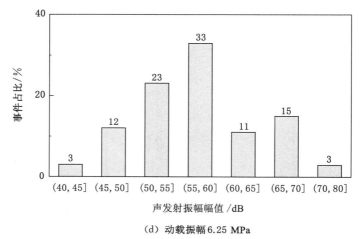

（d）动载振幅 6.25 MPa

图 3-28 （续）

　　不同振幅循环动载作用下煤体破坏过程声发射 b 值分布如图 3-29 所示。由图可见，随着动载振幅的增大，煤样三轴压缩过程中声发射 b 值也逐渐增大，呈现和动载频率类似的敏感性。这表示加载时煤体内部大尺度破裂事件减少，这与高振幅事件统计规律表现出较好的一致性。高振幅循环动载下，煤体的损伤程度较严重，轴向加载将更早地引起煤体微观裂纹持续的萌生、发育、扩展、贯通，用来积聚形成大尺度裂纹的能量就会相应降低。从煤体的破坏程度看，高振幅动载作用下煤样加载破坏后的碎屑块度较小，数量较多，表示煤样的破裂尺度较小,因此高幅值声发射信号比例也较低,计算得到的 b 值就会较大。

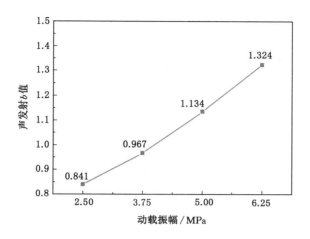

图 3-29　不同振幅动载作用下煤岩体声发射 b 值

3.3.3　静载应力阶段对吸附瓦斯煤损伤劣化的影响规律

3.3.3.1　应力-应变曲线分析

在围压 1.5 MPa、瓦斯压力 1.0 MPa、动载频率 3 Hz、振幅 2.50 MPa 的条件下,不同静载阶段($0.30\sigma_c$、$0.50\sigma_c$、$0.65\sigma_c$、$0.75\sigma_c$)的吸附瓦斯煤的损伤劣化应力-应变曲线如图 3-30 所示。由应力-应变关系曲线可知,不同静载阶段吸附瓦斯煤受动载作用的常规三轴加载变形破坏过程也可分为类似的压密阶段、线弹性阶段、动载扰动损伤阶段、屈服破坏阶段。每个阶段也呈现出和不同动载频率相似的规律:在压密阶段中,煤岩体曲线呈现和前文类似的上凹形变化规律,此时应力的增长速度也较慢。但是随着内部较大的孔裂隙的闭合,煤岩体变得更加密实,此时应力的增长也变得迅速起来。随着轴向应力的进一步增大,煤岩体进入线弹性阶段。紧接着进入动载扰动损伤阶段,出现类似前文的滞回环。同样,在循环动载结束后,应力恢复到动载施加的初始阶段时,应变并未完全恢复。最后,随着轴向压力接近煤岩体的三轴抗压强度,煤岩体进入屈服破坏阶段。此阶段中,煤岩体内部的新生裂隙数量急剧上升,甚至产生大的宏观裂隙,最终导致煤岩体失去承载力,发生破坏。整体规律和前文类似。

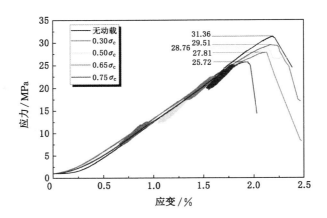

图 3-30 不同静载阶段吸附瓦斯煤应力-应变曲线

3.3.3.2 强度、弹性模量劣化分析

不同静载阶段煤岩在相同动载作用下的三轴抗压峰值强度的变化曲线如图 3-31 所示。依然以不加动载作用的煤样的强度为基准值,不同的静载阶段施加相同动载后,其峰值强度的劣化程度也不同。在 $0.30\sigma_c$、$0.50\sigma_c$、$0.65\sigma_c$ 静载阶段,煤体强度劣化程度较低,原因是此阶段处于煤体的弹性变形阶段,动载在此阶段产生的损伤较少,裂隙扩展也不明显。当静载阶段达到 $0.75\sigma_c$ 时,劣化率达 18.0%。此时的动载范围已经进入了煤体变形的屈服阶段,此阶段新生裂隙较多,裂隙扩展也更为明显,所以导致煤体强度的损伤急剧上升。

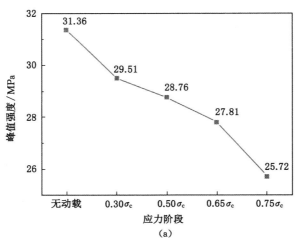

(a)

图 3-31 煤样三轴抗压峰值强度随静载应力阶段的变化曲线及其劣化率

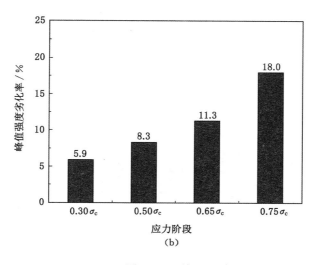

图 3-31　（续）

　　不同静载阶段煤样弹性模量随循环动载作用的变化规律如图 3-32 所示。同样以不加动载的煤样弹性模量 1 665 MPa 作为基准值,在弹性阶段施加循环动载时,煤样的弹性模量的劣化率较低,如在 $0.50\sigma_c$ 之前,弹性模量劣化率最大为11.1%。当静载阶段为 $0.75\sigma_c$ 时,弹性模量劣化率骤增,达到 22.1%。造成此现象的原因为此时的动载范围已经进入了煤体变形的屈服阶段,此阶段新生裂隙较多,裂隙扩展也更为明显,所以导致煤体弹性模量的损伤急剧上升。

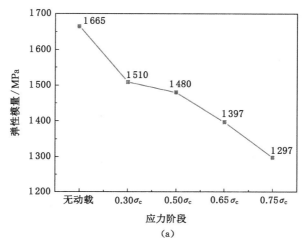

图 3-32　不同静载阶段动载作用后煤样弹性模量劣化规律

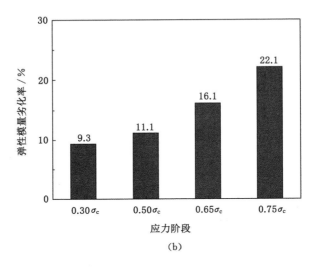

(b)

图 3-32 （续）

3.3.3.3 煤岩强度劣化时程分析

煤岩在不同静载阶段施加相同动载过程中应力-应变时程曲线对比分析如图 3-33 所示：煤岩在 $0.30\sigma_c$、$0.50\sigma_c$、$0.65\sigma_c$ 和 $0.75\sigma_c$ 四个静载阶段分别进行振幅为 2.50 MPa、频率为 3 Hz 的正弦应力波加载 300 s。从图中曲线可以看出，不同静载阶段循环动载作用下的煤岩体应力-应变曲线依然是同频耦合变化。此外，动载作用初始时刻的应变值均小于动载作用后同一应力水平下的应变值。以静载阶段 $0.30\sigma_c$ 动载作用时程曲线为例，动载作用初始时刻，轴向静载为 12 MPa，对应的应变为 0.768%，当动载作用过后，轴向静载再次回到 12 MPa 的时候，对应的应变为 0.825%，出现了一定量的塑性变形。由此进一步说明动载频率、振幅和吸附气体一定时，不同静载阶段施加相同动载也会使煤岩在弹性阶段发生不同的屈服变形，产生不可逆转的损伤。

不同静载阶段循环动载完成后煤岩体产生的屈服应变如图 3-34 所示。从图中可以看出，在 $0.30\sigma_c$、$0.50\sigma_c$、$0.65\sigma_c$ 和 $0.75\sigma_c$ 四个静载阶段，动载完成后煤岩体的应变增长分别为 0.057%、0.063%、0.077%、0.131%，在前三个阶段屈服应变增长不大，但是在 $0.75\sigma_c$ 应力阶段，屈服应变骤增，原因是此时动载循环过程中，荷载范围已经到了煤体的屈服阶段，会产生更大的不可逆变形。

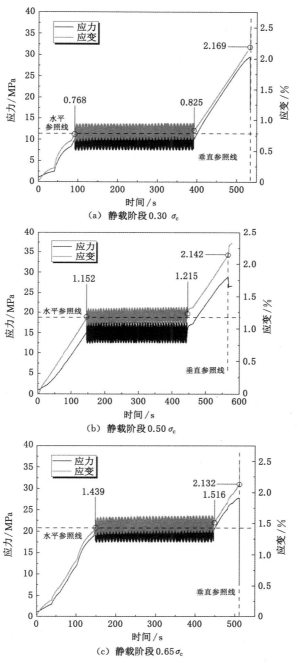

图 3-33　不同静载阶段煤体时程曲线

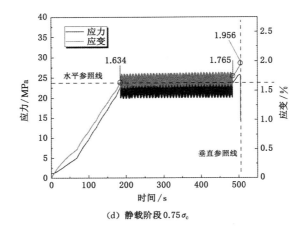

(d) 静载阶段 $0.75\sigma_c$

图 3-33 （续）

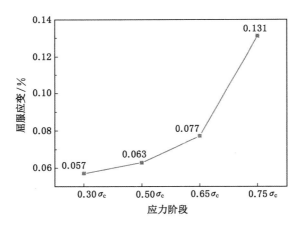

图 3-34 不同静载阶段循环动载完成后煤岩体产生的屈服应变

同时,整理得到不同静载阶段循环动载作用下煤岩体发生破坏时的极限应变及其和不加动载煤样的极限应变对比的提前率,如图 3-35 所示。由图可见,在 $0.30\sigma_c$、$0.50\sigma_c$、$0.65\sigma_c$ 和 $0.75\sigma_c$ 四个静载阶段施加相同的循环动载,煤岩体发生破坏时的极限应变不断降低,分别为 2.169%、2.142%、2.132%、1.956%,和不加动载煤样的极限应变对比的提前率分别为 1.90%、3.12%、

3.57％、11.53％。以上数据说明煤岩在不同静载阶段受到动载扰动,内部裂隙二次发育,且发育程度随着静载阶段的增大而增大,导致煤岩体越来越早地进入屈服破坏阶段,且接近煤体屈服阶段的时候,其极限应变的提前率会出现骤增,煤体更早地进入破坏阶段。

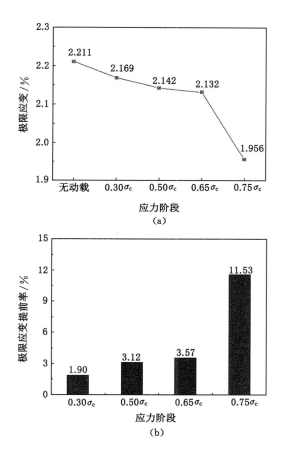

图 3-35　不同静载阶段煤岩体发生破坏时的极限应变及其提前率

3.3.3.4　声发射特性分析

（1）振铃/累计振铃计数和能量/累计能量

首先分析声发射参数中的振铃计数演化规律,不同静载阶段动载作用下煤岩体应力-应变和振铃/累计振铃计数-应变耦合关系曲线如图 3-36 所示。

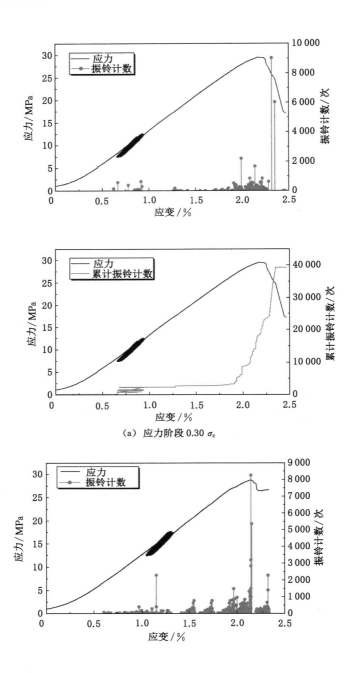

（a）应力阶段 0.30 σ_c

图 3-36　不同静载阶段动载作用下煤岩体应力-（累计）振铃计数-应变曲线

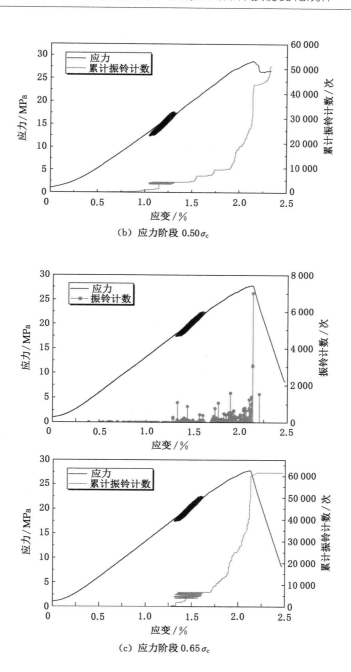

（b）应力阶段 0.50σ_c

（c）应力阶段 0.65σ_c

图 3-36 （续）

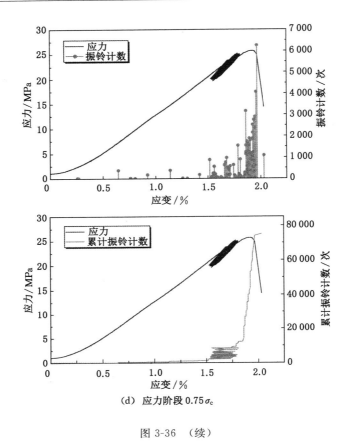

（d）应力阶段 $0.75\sigma_c$

图 3-36 （续）

其次分析声发射参数中的能量演化规律，不同静载阶段动载作用下煤岩体应力-应变和能量/累计能量-应变耦合关系曲线如图 3-37 所示。

根据应力-应变曲线和声发射参数的耦合变化特征，不同静载阶段循环动载作用下的煤样三轴压缩过程声发射活动仍可分为五个阶段，在此只做简要分析：

Ⅰ 平静期：此阶段的声发射信号较少，是因为此阶段对应煤体应力-应变曲线的压密阶段，压缩过程中基本不产生破裂信号。

Ⅱ 缓增期：此阶段的声发射信号开始缓慢上升，对应应力-应变曲线的线弹性阶段。随着荷载的逐渐增大，煤岩体发生弹性变形，煤岩体内部产生一些零星的破裂。

Ⅲ 动载稳增期：在动载施加初期，煤体损伤持续加剧，由于动载施加处在弹性变形阶段，所以在动载施加中期和末期，未见声发射事件发生。

Ⅳ 突增期：随着荷载的进一步增大，煤体应力-应变曲线进入屈服破坏阶段，此阶段煤岩体内部产生大量的新生裂隙，并伴随着很多原生裂隙的扩展，煤体的

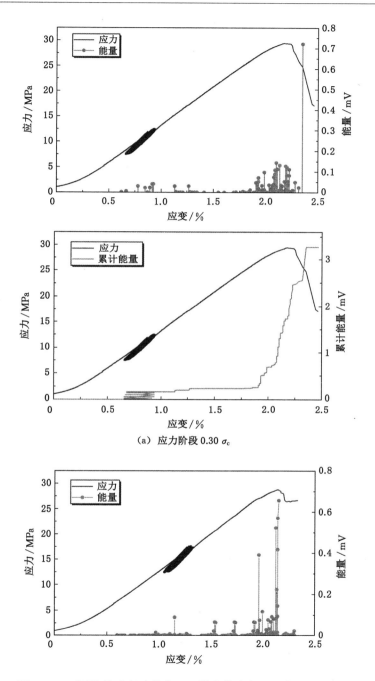

图 3-37　不同静载阶段动载作用下煤岩体应力-(累计)能量-应变曲线

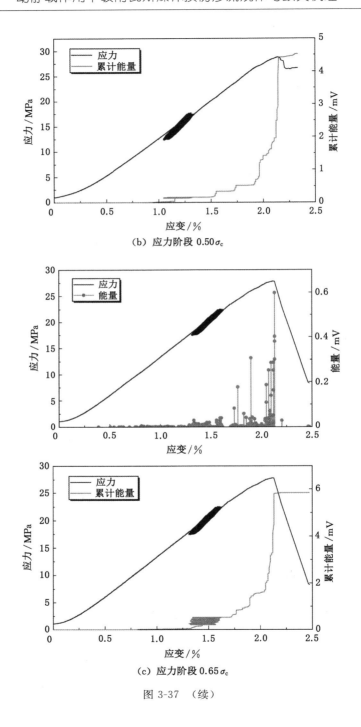

（b）应力阶段 $0.50\sigma_c$

（c）应力阶段 $0.65\sigma_c$

图 3-37 （续）

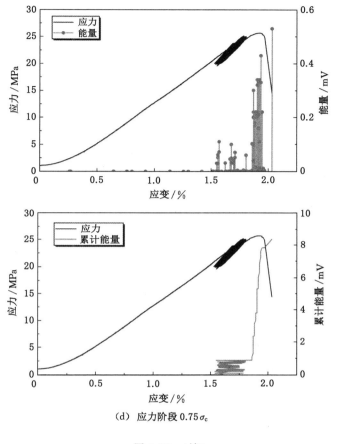

（d）应力阶段 0.75σ_c

图 3-37　（续）

损伤程度急剧增大,对应的声发射信号也快速上升。

Ⅴ稳定期:当煤岩体失去承载力后,块体之间的相对作用停止,声发射信号趋于平稳。

不同静载阶段循环动载作用下,煤体应力应变和声发射振铃计数、能量耦合曲线如图 3-38 和图 3-39 所示。

从图中可以看出,在不同静载阶段施加循环动载,累计振铃计数和累计能量均在稳定增加。此外,振铃计数和能量的最大值同样均出现在煤体应力-应变曲线的峰值破坏处。不同静载阶段循环动载下声发射振铃计数和能量的峰值与累计振铃计数和累计能量的峰值仍然呈现出了不同的变化规律:在低静载阶段,动载施加过程中产生的事件数和能量均较小,但其在峰值破坏时产生的最大振铃

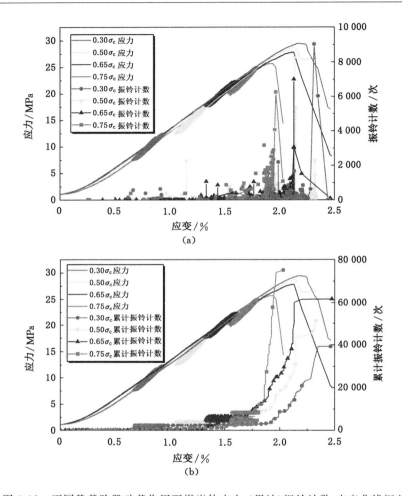

图 3-38　不同静载阶段动载作用下煤岩体应力-(累计)振铃计数-应变曲线汇总

计数和能量却较高,且其累计振铃计数和累计能量较低。原因是在低静载阶段,煤体处于弹性阶段,动载施加过程中累积的损伤较少,无论是原生裂隙的扩展还是新生裂隙的产生,都处在一个较低的水平。而在高静载阶段,已经进入了煤体的屈服阶段,动载施加过程中累积的损伤较多,从而导致煤体出现"软化"现象,在声发射振铃计数和能量峰值方面表现出下降的趋势,但其整个应力应变过程产生的损伤越来越多,且产生的裂纹数量和裂隙发育的程度也越来越高,所以会在累计声发射振铃计数和累计能量方面表现出上升的趋势。

　　(2)振幅和声发射 b 值

　　不同静载阶段循环动载作用下煤样三轴压缩过程中应力应变-声发射振幅

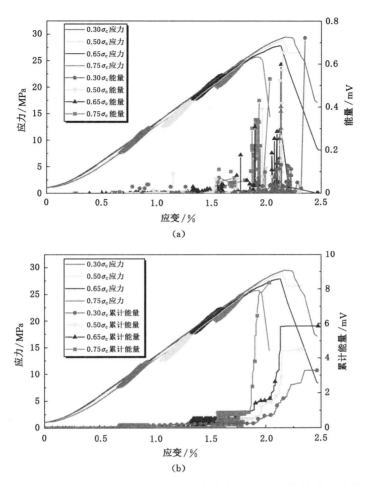

图 3-39 不同静载阶段动载作用下煤岩体应力-(累计)能量-应变曲线

的变化情况如图 3-40 所示。煤样的声发射振幅分布于 40～85 dB 的区间内。随着煤体应力-应变曲线的阶段推进,声发射振幅呈上升趋势,且最大振幅均出现在强度峰值破坏处。在整个加载过程中,声发射振幅发展曲线和应力-应变曲线呈现耦合性变化规律:在压密阶段,声发射振幅较小,且散点图中的声发射振幅点也较少;在弹性阶段,声发射振幅增大,且声发射振幅点也随之增多,最终在强度峰值处声发射振幅值和声发射振幅点数都突增,且达到声发射振幅峰值。整个加载过程煤样声发射振幅散点图出现集中分布的特点,即在动载扰动阶段和峰值强度处出现两个峰值的分布规律。除了在 $0.75\sigma_c$ 阶段声发射振幅点数较为密集外,其他阶段动载施加过程中声发射振幅点数都较少,说明在低静载阶

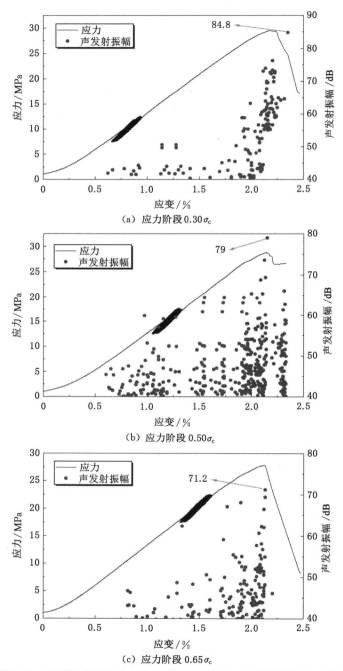

（a）应力阶段 $0.30\sigma_c$

（b）应力阶段 $0.50\sigma_c$

（c）应力阶段 $0.65\sigma_c$

图 3-40　不同静载阶段动载作用下煤岩体应力-声发射振幅-应变曲线

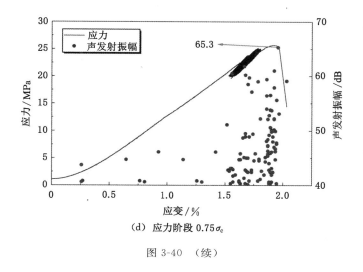

（d）应力阶段 $0.75\sigma_c$

图 3-40　（续）

段,循环动载产生的损伤较少,和前文研究结论一致。此外,随着静载阶段的增大,煤体加载过程中出现的最大幅值越来越小,从 $0.30\sigma_c$ 时的84.8 dB 降低至 $0.75\sigma_c$ 时的 65.3 dB,即随着损伤的加剧,煤体破坏时所需的能量越来越小,煤体的"脆性"也越来越低,和前文结论一致。

　　同样,不同静载阶段循环动载作用下煤岩体声发射振幅分布柱状图如图 3-41 所示。从图中可以看出,在低静载阶段,大振幅事件较多,说明此时细小裂纹的产生与扩展较少,贯穿型裂纹或宏观裂纹较多。而在高静载阶段时,振幅在(70,80] dB 区间内的占比为 0,说明此时煤样内部裂纹可能以扩展为主,贯穿型裂隙较少。

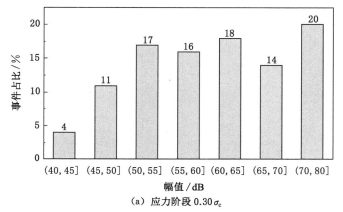

（a）应力阶段 $0.30\sigma_c$

图 3-41　不同静载阶段动载作用下煤岩体声发射振幅分布柱状图

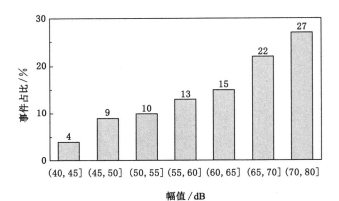

(b) 应力阶段 $0.50\sigma_c$

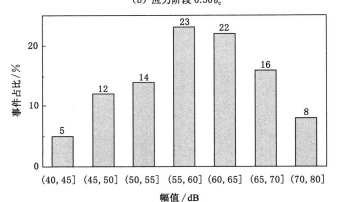

(c) 应力阶段 $0.65\sigma_c$

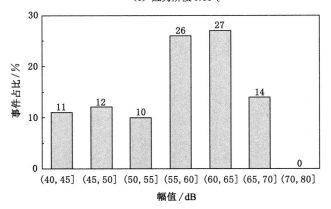

(d) 应力阶段 $0.75\sigma_c$

图 3-41 （续）

不同静载阶段循环动载作用下煤体破坏过程声发射 b 值分布如图 3-42 所示。由图可见,在低静载阶段,煤样三轴压缩过程中声发射 b 值较小,这表明在此应力阶段加载至破坏时煤体内部大尺度破裂事件较多,而在高静载阶段,加载至破坏时煤体内部大尺度破裂事件较少。原因为在高静载阶段,煤体破坏前累积的损伤较多,轴向加载将更早地引起煤体微观裂纹持续的萌生、发育、扩展、贯通,用来积聚形成大尺度裂纹的能量就会相应降低,因此高幅值声发射信号比例也较低,计算得到的 b 值就会较大。

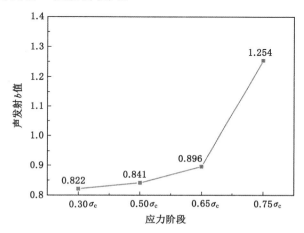

图 3-42　不同静载阶段动载作用下煤岩体声发射 b 值

3.3.4　气体压力对吸附瓦斯煤损伤劣化的影响规律

本试验设置的 4 种气体压力分别为 0.5 MPa、1.0 MPa、1.5 MPa 和 2.0 MPa,根据前人的研究成果,随着气体压力的升高,煤体吸附量逐渐升高[144]。

3.3.4.1　应力-应变曲线分析

在动载频率 3 Hz,振幅 2.50 MPa 的条件下,在 $0.50\sigma_c$ 静载阶段,不同吸附气体压力下煤岩体损伤劣化应力-应变曲线如图 3-43 所示。由应力-应变关系曲线可知,不同吸附气体压力下煤岩体受动载作用的常规三轴加载变形破坏过程也可分为类似的压密阶段、线弹性阶段、动载扰动损伤阶段、屈服破坏阶段。每个阶段也呈现出和前文相似的规律,在此不做赘述。和前文不同的是,随着吸附气体压力的增大,煤体应力-应变曲线呈现出往左平移的现象,说明随着吸附量的增大,煤体整体上出现劣化现象,此规律和前人研究结果一致[145]。本书施加动载后的煤体损伤程度远大于文献中单纯吸附气体产生的损伤,说明动载和瓦斯吸附产生的耦合损伤较大。

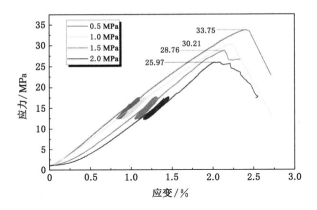

图 3-43 不同吸附气体压力下煤岩体应力-应变曲线

3.3.4.2 强度、弹性模量劣化分析

不同吸附气体压力下煤岩体在相同动载作用下的三轴抗压峰值强度的变化曲线如图 3-44 所示。由图可见,对吸附不同压力气体的煤岩施加相同动载后,其峰值强度的劣化程度也不同。随着气体吸附量的增大,其抗压峰值强度逐渐降低,以 0.5 MPa 气体压力时的抗压峰值强度 33.75 MPa 作为基准值,当吸附压力为1.0 MPa、1.5 MPa 和 2.0 MPa 时,对应的抗压峰值强度分别为30.21 MPa、28.76 MPa和25.97 MPa,劣化率分别为10.5%、14.8%和 23.1%。

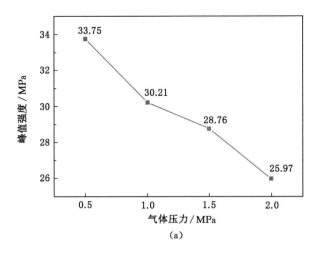

(a)

图 3-44 吸附不同压力气体煤样三轴抗压峰值强度变化曲线及其劣化率

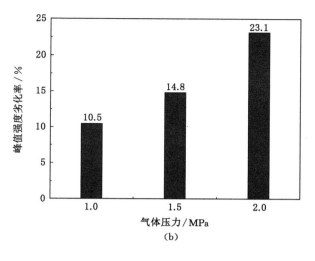

图 3-44　（续）

　　煤样弹性模量随吸附气体压力的变化规律如图 3-45 所示。同样以0.5 MPa 气体压力条件下的煤样弹性模量 1 591 MPa 作为基准值,随着气体吸附压力的增大,煤体弹性模量逐渐降低,吸附压力为 1.0 MPa、1.5 MPa 和 2.0 MPa 时,其弹性模量分别为 1 512 MPa、1 434 MPa 和 1 397 MPa,对应的劣化率分别为 5.0%、9.9%和12.2%。

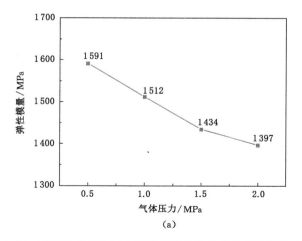

图 3-45　不同吸附气体压力下煤样弹性模量变化曲线及其劣化率

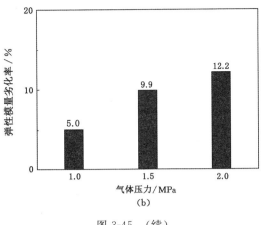

图 3-45 （续）

3.3.4.3 煤岩强度劣化时程分析

煤岩在 0.5 MPa、1.0 MPa、1.5 MPa 和 2.0 MPa 四种压力下，在相同静载阶段分别进行振幅为 2.50 MPa、频率为 3 Hz 的正弦应力波加载 300 s，其应力-应变时程曲线如图 3-46 所示。从图中曲线可以看出，吸附不同压力气体后的煤岩体应力-应变曲线依然是同频耦合变化。此外，动载作用初始时刻的应变值均小于动载作用后同一应力水平下的应变值。以气体吸附压力 0.5 MPa 条件下动载作用时程曲线为例，动载作用初始时刻，轴向静载为 15 MPa 时对应的应变为 0.928%，当动载作用过后，轴向静载再次回到 15 MPa 的时候，对应的应变为 0.964%，出现了一定量的塑性变形。由此进一步说明不同吸附气体压力下的煤岩在动载作用下也会发生屈服变形，产生不可逆转的损伤。

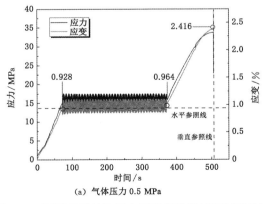

(a) 气体压力 0.5 MPa

图 3-46 不同吸附气体压力下煤岩动载过程时程曲线

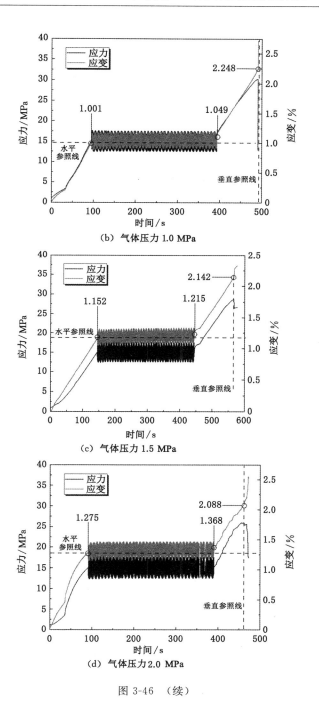

图 3-46 （续）

不同吸附气体压力煤岩在循环动载完成后产生的屈服应变如图 3-47 所示。从图中可以看出,动载完成后煤岩体的应变增长分别为 0.036%、0.048%、0.063%、0.093%。由此可见,气体吸附压力越大,动载作用过程中产生的屈服变形越大,原因是在此过程中,吸附损伤和动载损伤耦合叠加,导致煤体内部损伤进一步加剧,最终产生不可逆变形。

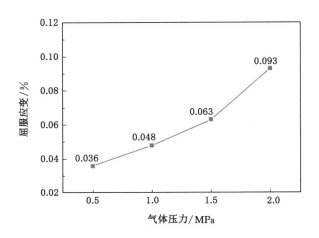

图 3-47 吸附不同压力气体煤岩在循环动载完成后产生的屈服应变

同时,整理得到煤体吸附不同压力气体后,在循环动载作用下发生破坏时的极限应变及其和极限应变基准值(吸附气体压力为 0.5 MPa 时的极限应变)对比的提前率,如图 3-48 所示。由图可见,在吸附 0.5 MPa、1.0 MPa、1.5 MPa、2.0 MPa 气体后施加相同的循环动载,煤岩体发生破坏时的极限应变不断降低,分别为 2.416%、2.248%、2.142%、2.088%,和极限应变基准值对比的提前率分别为 7%、11.3%、13.6%。以上数据说明,在动静载和气体吸附损伤的耦合作用下,煤体内部缺陷逐渐增多,导致煤岩体越来越早地进入屈服破坏阶段,且随着气体吸附压力增大,接近煤体屈服阶段的时候,其极限应变的提前率会出现骤增,煤体更早地进入破坏阶段。

3.3.4.4 声发射特性分析

(1) 振铃/累计振铃计数和能量/累计能量

首先分析声发射参数中的振铃计数演化规律,不同吸附气体压力作用下煤岩体应力-应变和振铃/累计振铃计数-应变耦合关系曲线如图 3-49 所示。

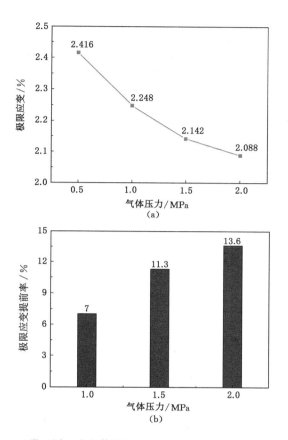

图 3-48　吸附不同压力气体煤岩失去承载力时的极限应变及其提前率

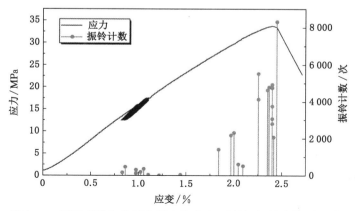

图 3-49　不同吸附气体压力煤岩体应力-(累计)振铃计数-应变曲线

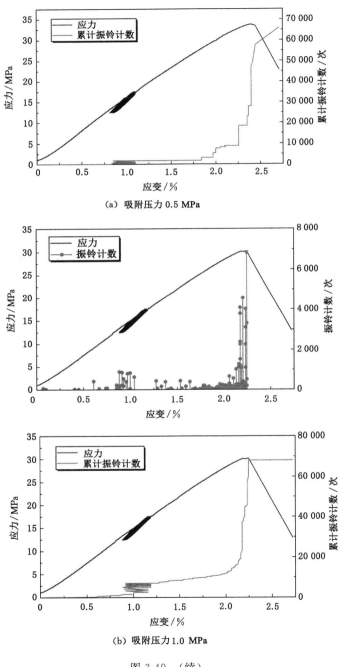

（a）吸附压力 0.5 MPa

（b）吸附压力 1.0 MPa

图 3-49 （续）

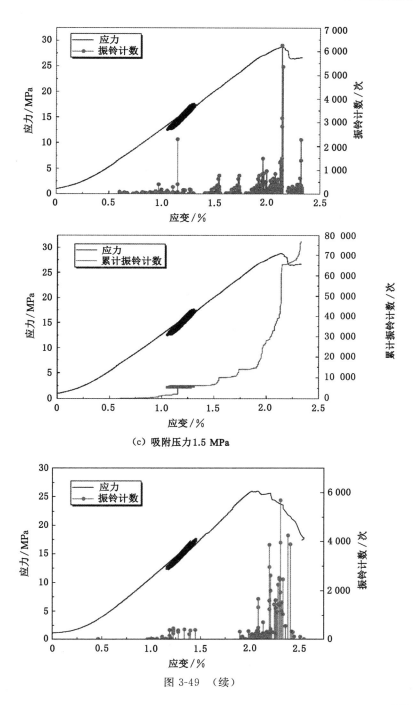

（c）吸附压力 1.5 MPa

图 3-49 （续）

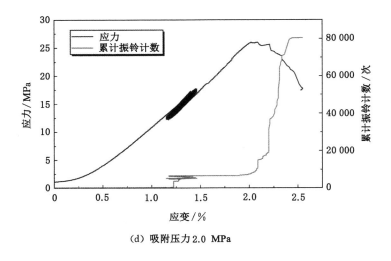

(d) 吸附压力2.0 MPa

图 3-49 （续）

  其次分析声发射参数中的振铃计数演化规律,不同吸附气体压力作用下煤岩体应力-应变和能量/累计能量-应变耦合关系曲线如图 3-50 所示。

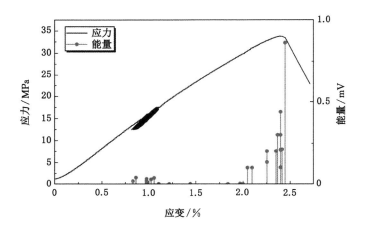

图 3-50 不同吸附气体压力下煤岩体应力-(累计)能量-应变曲线

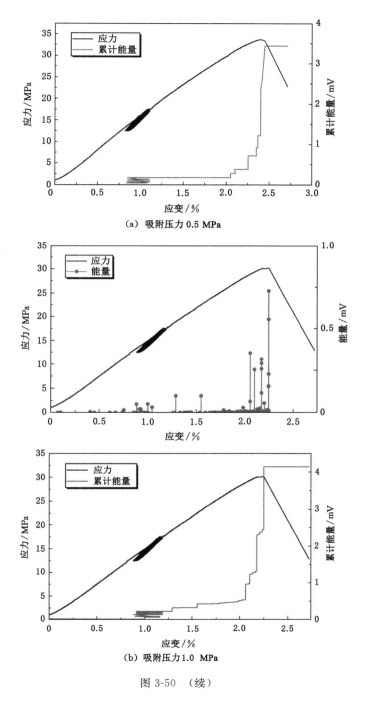

（a）吸附压力 0.5 MPa

（b）吸附压力 1.0 MPa

图 3-50　（续）

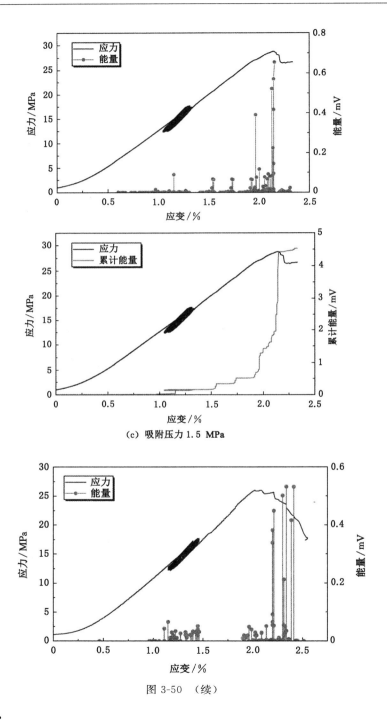

（c）吸附压力 1.5 MPa

图 3-50　（续）

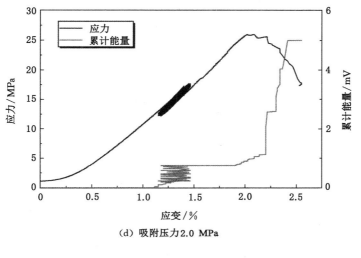

(d) 吸附压力2.0 MPa

图 3-50　(续)

　　根据应力-应变曲线和声发射参数的耦合变化特征,不同吸附气体压力下煤样三轴压缩过程声发射活动仍可分为五个阶段,在此只做简要分析:

　　Ⅰ平静期:对应应力-应变曲线中煤样压密阶段。此阶段煤体内部颗粒之间挤压变形较弱,相对运动较少,声发射活动也较少。

　　Ⅱ缓增期:对应应力-应变曲线的弹性变形阶段、循环动载施加之前。该阶段煤样内部的局部破裂较少,仅出现零星的声发射现象。

　　Ⅲ动载稳增期:该阶段对应循环动载施加的前期。煤体损伤持续加剧,声发射事件和能量也在累积。

　　Ⅳ突增期:该阶段始于煤样塑性变形,止于煤样失稳破坏,对应应力-应变曲线中屈服强度点至峰值点。

　　Ⅴ稳定期:该阶段对应应力-应变曲线的峰后阶段,此时煤体内部结构已完全失稳,块体间的相对运动停止,声发射活动趋于平稳。

　　不同吸附气体压力下煤体应力-(累计)声发射振铃计数-应变曲线和应力-(累计)能量-应变曲线分别如图 3-51 和图 3-52 所示。从图中可以看出,不同吸附气体压力下煤岩在动静加载过程中声发射振铃计数和能量的峰值与累计振铃计数和累计能量的峰值仍然呈现出了不同的变化规律:当吸附气体压力为 0.5 MPa 时,动载施加过程中产生的事件数和能量均较小,但其在峰值破坏时产生的最大振铃计数和能量却较高,且其累计振铃计数和累计能量较低。

原因是在低静载阶段,煤体处于弹性阶段,动载施加过程中累积的损伤较少,无论是原生裂隙的扩展还是新生裂隙的产生,都处在一个较低的水平。当吸附气体压力为 2.0 MPa 时,动载施加过程中累积的损伤较多,从而导致煤体出现"软化"现象,在声发射振铃计数和能量峰值方面表现出下降的趋势,但其整个应力应变过程产生的损伤越来越多,且产生的裂纹数量和裂隙发育的程度也越来越高,所以会在累计声发射振铃计数和累计能量方面表现出上升的趋势。

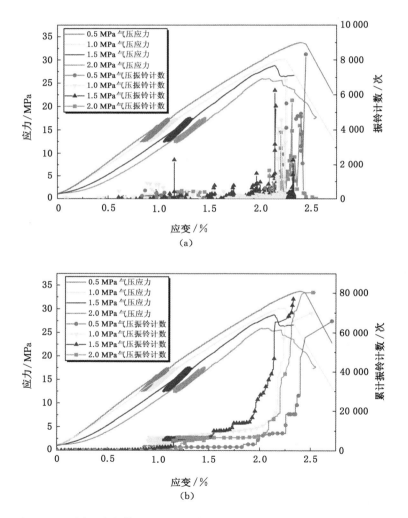

图 3-51　不同吸附气体压力下煤岩体应力-(累计)振铃计数-应变曲线汇总

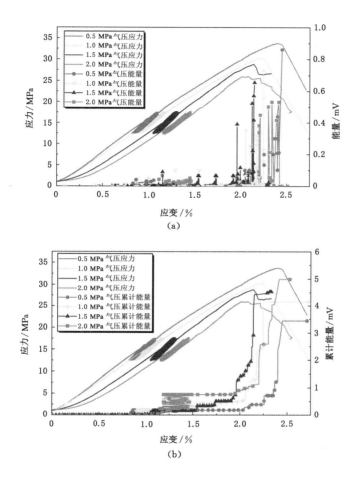

图 3-52　不同吸附气体压力下煤岩体应力-(累计)能量-应变曲线汇总

（2）振幅和声发射 b 值

不同吸附气体压力下煤样三轴压缩过程中应力应变-声发射振幅的变化情况如图 3-53 所示。煤样的声发射振幅分布于 40～80 dB 的区间内,整个加载过程煤样声发射振幅散点图出现集中分布的特点,即在动载扰动阶段和峰值强度处出现两个峰值的分布规律。随着吸附气体压力的提高,煤体加载过程中出现的最大幅值越来越小,从 0.5 MPa 时的 77 dB 降低至 2.0 MPa 时的 70.5 dB,即随着损伤的加剧,煤体破坏时所需要的能量越来越小,煤体的"脆性"也越来越低,和前文结论一致。

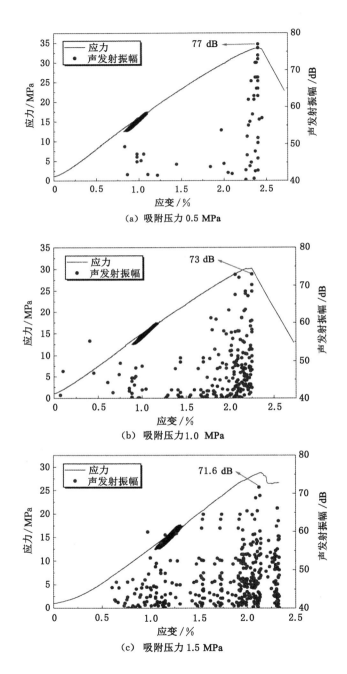

图 3-53 不同压力吸附气体作用下煤岩体应力-声发射振幅-应变曲线

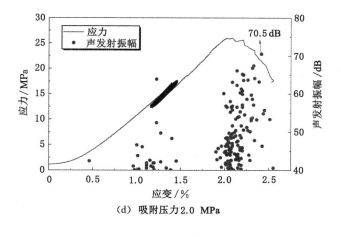

（d）吸附压力2.0 MPa

图 3-53　（续）

　　不同压力吸附气体作用下煤体破坏过程声发射 b 值分布如图 3-54 所示。当气体吸附压力小时,煤样三轴压缩过程中声发射 b 值较小,这表明吸附此类气体的煤样加载至破坏时内部大尺度破裂事件较多,而当气体吸附压力大时,加载至破坏时煤体内部大尺度破裂事件较少。原因为随着气体压力的增大,吸附产生的损伤也增大,煤体破坏前累积的损伤较多,轴向加载将更早地引起煤体微观裂纹持续的萌生、发育、扩展、贯通,用来积聚形成大尺度裂纹的能量就会相应降低,因此高幅值声发射信号比例也较低,计算得到的 b 值就会较大。

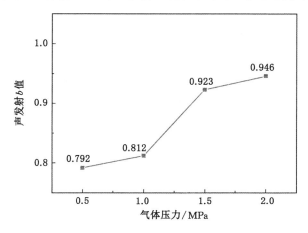

图 3-54　吸附不同压力气体后煤岩体加载过程中声发射 b 值

3.4 损伤劣化机理分析

3.4.1 动静载作用下的强度劣化断裂力学分析

动静载作用下的煤岩体强度劣化主要是动静载和煤中的裂隙相互作用的过程。静载作用为改变裂隙数量和尖端能量,动载在此基础上促使裂隙扩展最终导致煤体失去承载力。当煤体受到外部动载的作用后,动载产生的应力波会传输到煤体内部的一些原生裂隙中,成为裂隙扩展的动力源[39]。依据断裂力学知识可得,在循环动载施加的时候,会持续地给煤体以及煤体中的裂隙提供能量,会在裂隙的尖端部位产生应力集中,最终导致其扩展[146]。此外,Kipp 等[147]研究发现裂纹的破坏应力会随着动载应变率和动载幅度的提高而降低,这就解释了为什么循环动载频率或者振幅增大的时候,煤的强度也会随着降低[148]。在静载和瓦斯压力一定的情况下,裂纹的产生和扩展速度主要是由循环动载的频率和振幅决定的,这也就解释了为什么大的循环动载频率或者振幅作用下,煤岩体强度的损伤劣化强度会更低。此外,由上述试验结果还可以得知,在高的吸附瓦斯压力下,煤体变得更加松软,动静载作用后其产生的损伤更大,煤岩体内部裂纹扩展所需要的能量更少,造成的宏观破坏也就越大。

3.4.2 瓦斯吸附作用下的强度劣化分析

前人根据煤体破坏的不同条件,在试验的基础上归纳建立了多种强度准则,如经典的莫尔-库仑准则、D-P 准则和 H-B 准则等[149-151]。煤岩属于脆性岩石的一种,针对瓦斯吸附引起煤岩体强度劣化这一现象,本书采用吸附原理以及 Griffith 强度破坏准则来进行解释[152-153]。Griffith 强度破坏准则是指当煤岩体受到外力作用(包括吸附膨胀应力等)后,其内部的裂纹尖端附近产生集中应力,当在外力的作用下此应力达到其抗拉强度后,就会引起裂纹的进一步扩展。

Griffith 公式如下所示:

$$\sigma_t = \sqrt{\frac{2E\gamma}{\pi l}} \tag{3-3}$$

式中　σ_t——裂隙尖端抗拉强度,MPa;

　　　E——弹性模量,MPa;

　　　γ——表面自由能,J/m²;

　　　l——裂纹长度,m。

对于瓦斯吸附和煤体变形之间的关系,可以从煤基质细观颗粒的表面自由能的角度来分析,此处引用 Bangham 假设:

$$\varepsilon = \lambda \Delta \gamma \tag{3-4}$$

式中　ε——颗粒相对变形,m;

　　　λ——变形和自由能的比例系数,m^2/N;

　　　$\Delta \gamma$——表面自由能变化量,J/m^2。

气体分子吸附于煤基质是由于煤体和气体分子之间的范德瓦尔斯力[154]。

基于 Gibbs 自由能公式可得到:

$$\gamma = \gamma_0 - \frac{RT}{SV_0} \int_0^p \frac{Q}{p} \mathrm{d}p \tag{3-5}$$

式中　R——普式气体常量,$J/(mol \cdot K)$;

　　　T——绝对温度,K;

　　　S——颗粒的比表面积,m^2/g;

　　　V_0——摩尔质量,g/mol;

　　　Q——气体吸附量,m^3/g;

　　　p——吸附平衡压力,MPa。

将式(3-5)代入式(3-3)整理得到:

$$\sigma_t^2 = \frac{2E\gamma_0}{\pi l} - \frac{2ERT}{SV_0\pi l} \int_0^p \frac{Q}{p} \mathrm{d}p \tag{3-6}$$

进而得到:

$$\sigma_t^2 = \sigma_0^2 - \frac{2ERT}{SV_0\pi l} \int_0^p \frac{Q}{p} \mathrm{d}p \tag{3-7}$$

同理,将式(3-5)代入式(3-4)可得:

$$\varepsilon = \frac{\lambda RT}{SV_0} \int_0^p \frac{Q}{p} \mathrm{d}p \tag{3-8}$$

由式(3-7)和式(3-8)可知,随着吸附压力的增加,煤体裂隙尖端抗拉强度降低,弹性模量减小,此规律和 3.3.4 小节试验中得到的规律一致,从本质上进一步解释了气体吸附作用下煤体强度损伤劣化的原因。

3.5　本章小结

本章开展了动静耦合加载条件下吸附瓦斯煤岩力学特性损伤劣化试验,研究了循环动载频率和循环动载振幅、静载所处应力阶段、吸附气体压力大小对煤岩体宏观损伤特征参数如三轴抗压强度、弹性模量等的影响规律，以及整个动静加载过程中的煤体声发射信号演化规律，分析了瓦斯吸附、静态加载以及动态加载诱发煤体损伤劣化的机制，具体结论如下：

（1）试验结果表明，不同循环动载频率/振幅、静载阶段和瓦斯压力会对吸附瓦斯煤的宏观力学参数造成损伤劣化，具体表现为随着循环动载频率/振幅的增大，煤体强度和弹性模量的损伤增大，最大损伤劣化率可达 30％～40％，且随着静载阶段的增大，煤体损伤劣化加重，在靠近屈服阶段时达到劣化峰值。此外，在循环动载的施加阶段，煤体会产生一定程度的不可逆变形，为循环动载损伤累积的结果，且随着动载的增大、静载阶段的增大以及气体吸附压力的增大，此不可逆变形也增大。

（2）煤样三轴压缩过程中声发射与应力-应变曲线呈现明显的耦合效应，声发射活动可分为平静期、缓增期、动载稳增期、突增期和稳定期五个阶段。随着动载能量、静载阶段和气体吸附性的增大，煤样三轴压缩首次声发射事件对应煤样应变值增大，振铃计数与能量峰值均出现在峰值强度或最大应力跌落点并逐渐减小，累计振铃计数和累计能量逐渐增大。在整个加载过程，振幅发展曲线和应力-应变曲线呈现耦合性变化规律，且随着动载能量、静载阶段和气体吸附压力的增大，高振幅声发射事件占比减小，声发射 b 值逐渐增大，表明煤样内部大尺度破坏事件比例减小。

（3）基于断裂力学的相关原理分析了动静载作用下强度劣化的机理：动静载作用下的煤岩体强度劣化主要是动静载和煤中的裂隙相互作用的过程。静载作用为改变裂隙数量和尖端能量，动载在此基础上促使裂隙扩展最终导致煤体失去承载力。基于 Griffith 强度破坏准则分析了瓦斯吸附对煤体的强度劣化机理：气体吸附于煤基质表面，降低其裂隙尖端强度，最终导致其强度劣化。

第4章　动静载作用下吸附瓦斯煤体渗流规律

4.1　引言

前人在对煤岩体渗透特性和渗透率模型的研究中,对于采掘活动以及其他原因引起的振动动载的扰动考虑得较少,且考虑动载的研究中,多以霍普金森压杆(高应变率)的研究为主,对于预加静载下综合考虑中低应变动载和瓦斯吸附的研究几乎是空白。本章综合考虑动静载和瓦斯吸附的影响,开展了动静载和瓦斯吸附耦合作用下的煤体渗透率测试试验,进行了多因素对煤体渗透率的敏感性分析,并基于试验结果和规律分析,综合考虑动静载和瓦斯吸附引起的煤基质和割理的变形,建立了动静载和瓦斯吸附耦合作用下的煤体渗透率演化方程,定量描述多因素影响作用下煤体渗透率的时空演化规律。

4.2　渗透率测试试验方案

动静叠加荷载下含瓦斯煤的渗透率演化规律同样与静载、动载及瓦斯吸附量等因素密切相关,本试验的试验变量依然选择不同动载冲击能量(主要通过调整动载的频率和大小实现)、静载应力阶段(如压密阶段、弹性阶段、屈服阶段)和瓦斯吸附量(因为渗透率试验最好选择相同的气体压力,故通过相同吸附压力不同吸附性气体实现)为变量。试验过程中监测试样的应力、应变、气体压力、气体流量与冲击能量、静载应力阶段、瓦斯吸附量的对应关系,并研究冲击能量、静载应力阶段、瓦斯吸附量对煤体渗透率的影响规律。整个试验的环境温度保持在 25 ℃左右,吸附性气体的吸附时间统一控制在 24 h 左右。

试验详细方案如表 4-1 所示。

表 4-1　详细方案

序号	动载振幅、频率	动载作用时间/s	静载应力阶段	试验气体	孔隙压力/MPa	围压/MPa
1	2.50 MPa、3 Hz	300	$0.50\sigma_c$	CH_4	1.0	1.5
2	2.50 MPa、4 Hz	300	$0.50\sigma_c$	CH_4	1.0	1.5
3	2.50 MPa、5 Hz	300	$0.50\sigma_c$	CH_4	1.0	1.5
4	2.50 MPa、6 Hz	300	$0.50\sigma_c$	CH_4	1.0	1.5
5	3.75 MPa、3 Hz	300	$0.50\sigma_c$	CH_4	1.0	1.5
6	5.00 MPa、3 Hz	300	$0.50\sigma_c$	CH_4	1.0	1.5
7	6.25 MPa、3 Hz	300	$0.50\sigma_c$	CH_4	1.0	1.5
8	2.50 MPa、3 Hz	300	$0.35\sigma_c$	CH_4	1.0	1.5
9	2.50 MPa、3 Hz	300	$0.65\sigma_c$	CH_4	1.0	1.5
10	2.50 MPa、3 Hz	300	$0.75\sigma_c$	CH_4	1.0	1.5
11	2.50 MPa、3 Hz	300	$0.50\sigma_c$	CO_2	1.0	1.5
12	2.50 MPa、3 Hz	300	$0.50\sigma_c$	N_2	1.0	1.5
13	2.50 MPa、3 Hz	300	$0.50\sigma_c$	He	1.0	1.5

　　为了保证试验数据的可比性,设计如图 4-1 所示的试验加载路径。首先给试样施加预定值的围压,然后给试样注预定压力的气体,待煤体吸附气体达到平衡状态之后,给试样施加静载至预定值,在此基础上施加预定振幅和频率的循环动载,动载扰动结束后,返回到统一预定应力状态(本试验设置为轴压 2 MPa),在此应力状态下进行渗透率测试试验。

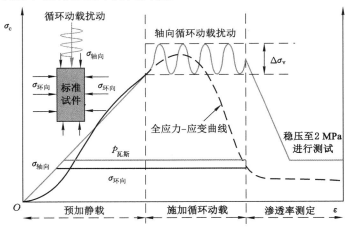

图 4-1　渗透率测定试验加载路径

4.3　动静载作用下吸附瓦斯煤体渗流演化规律

4.3.1　循环动载频率对煤体渗流规律的影响

煤岩体渗透率随循环动载频率的变化规律如图 4-2 所示(图中数值比例为当前动载作用下的渗透率数值和没有动载作用下的渗透率数值之比,下文中皆同含义)。从图中可以看出,煤岩体的渗透率和循环动载的频率呈正相关的关系。当煤岩体不受动载扰动时的渗透率约为 0.013 5 μm^2,当在 0.50 σ_c 应力阶段受到振幅 2.50 MPa、频率 6 Hz 的循环动载后,渗透率增大至 0.017 6 μm^2,增幅约为 30.4%,其他三个应力频率下渗透率的增幅分别为 7.2%(3 Hz)、16.3%(4 Hz)和 23.8%(5 Hz)。由此可见,循环动载作用对煤岩体的渗透率具有不容忽视的增大效果。由于煤岩体中的孔裂隙是游离气体运移的主要通道,究其渗透率增大的原因,为在循环动载的持续作用下,煤岩体内部原生孔裂隙进一步发育,且当动载频率增大到一定程度后,煤岩体内部还会产生一定的次生裂隙,从而出现渗透率随着动载频率持续增长的现象。除此之外,在循环动载的作用下,煤体内部的瓦斯吸附平衡会被打破,此阶段虽然会进一步增强瓦斯的吸附膨胀作用,但也会加剧瓦斯吸附带来的不可逆损伤。且本试验是在固定应力状态下(2 MPa)进行的渗透率测试,所以由于吸附膨胀效应导致的渗流通道的闭合在此应力状态下又会重新打开,此状态下只会保留吸附瓦斯对煤体的固有劣化效果。由此可见,煤层受到外部扰动的程度越大,煤层中瓦斯的渗流速度越快,越容易导致瓦斯的异常涌出。同时,对于瓦斯可开采的煤层,外部扰动还可以提高其渗透率,从而提高瓦斯开采的效率。

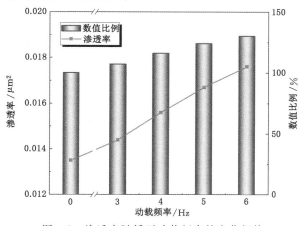

图 4-2　渗透率随循环动载频率的变化规律

4.3.2 循环动载振幅对煤体渗流规律的影响

煤岩体渗透率随循环动载振幅的变化规律如图 4-3 所示，一共设置 2.50 MPa、3.75 MPa、5.00 MPa 和 6.25 MPa 等 4 个不同的振幅（试验中，曾在 15 MPa 静载阶段施加振幅 7.00 MPa 的循环动载，但煤样直接破坏，故最大振幅设置为6.25 MPa）。从图中可以看出，煤岩体的渗透率和循环动载的振幅也呈正相关的关系，当振幅为2.50 MPa、3.75 MPa、5.00 MPa 和 6.25 MPa 时，其渗透率分别为0.014 4 μm^2、0.015 4 μm^2、0.017 μm^2 和 0.019 3 μm^2，增长率分别为 6.7%、14.1%、25.9%和 43.0%，由此可见，动载振幅对渗透率的增大作用更为显著。其渗透率增大的原因和不同频率动载作用下的原理基本一致，由于煤岩体中的孔裂隙是游离气体运移的主要通道，在循环动载的持续作用下，煤岩体内部原生孔裂隙进一步发育，且当动载振幅增大到一定程度后，煤岩体内部还会产生一定的次生裂隙，从而出现渗透率随着动载振幅持续增长的现象。除此之外，在循环动载的作用下，煤体内部的瓦斯吸附平衡会被打破，也会加剧瓦斯吸附带来的不可逆损伤。之所以在振幅为 6.25 MPa 时渗透率骤增了 43.0%，是因为此阶段循环动载已经处在了煤体应力-应变曲线的屈服阶段，其产生的损伤程度也更大，裂隙发育也更为显著。由此进一步证明煤层受到外部扰动的程度越大，煤层中瓦斯的渗流速度越快，越容易导致瓦斯的异常涌出。

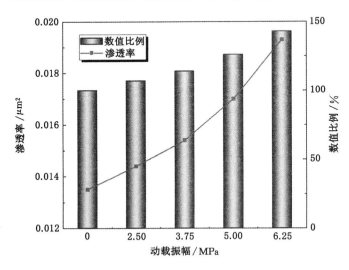

图 4-3　渗透率随循环动载振幅的变化规律

4.3.3　静载应力阶段对煤体渗流规律的影响

渗透率随循环动载所处的静载阶段的变化规律如图 4-4 所示,从图中可以看出,煤岩体的渗透率和静载应力阶段也呈正相关的关系,当静载应力阶段为 $0.35\sigma_c$、$0.50\sigma_c$、$0.65\sigma_c$ 和 $0.75\sigma_c$ 时,煤样的渗透率分别为 $0.013\ 7\ \mu m^2$、$0.014\ 4\ \mu m^2$、$0.015\ 2\ \mu m^2$ 和 $0.019\ 8\ \mu m^2$,其增长率分别为 1.5%、6.7%、12.6% 和 46.7%。由此可见,在煤体弹性阶段($0.65\sigma_c$ 之前),循环动载作用对渗透率的增大作用不明显,原因是此阶段循环动载作用下,煤体内部损伤较小,产生的塑性变形和新生裂隙也较少。但是在煤体的屈服阶段前和屈服阶段中,其渗透率显著增大,和基准值(不加动载时的渗透率)相比最大可增大 47.2%。其原因是此阶段施加循环动载会大幅度加剧煤体内部的损伤,并造成原生裂隙的扩展和产生大量的次生裂隙。由此可见,当被开采的煤层处于较高的应力状态时,此时受到外部动载扰动后更容易发生破坏(依据第 3 章结论),且更容易导致瓦斯的异常涌出。

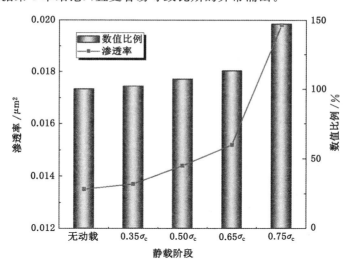

图 4-4　渗透率随循环动载所处的静载阶段的变化规律

4.3.4　气体吸附量对煤体渗流规律的影响

本章中的气体吸附量通过相同压力气体、不同气体种类来实现,从而实现渗透率结果的可对比性。四种气体的吸附量从低到高分别为 He、N_2、CH_4 和 CO_2。渗透率随气体吸附量的变化规律如图 4-5 所示,从图中可以看出,煤岩体的渗透率和气体吸附量呈负相关关系,当气体吸附量从小到大时,煤样的渗透率分别为 $0.018\ 6\ \mu m^2$(He)、$0.017\ 2\ \mu m^2$(N_2)、$0.014\ 4\ \mu m^2$(CH_4)和 $0.013\ 2\ \mu m^2$(CO^2)。以不吸附的惰性气体 He 的渗透率为基准值,其他三种气体渗透率的降低率分别为 7.5%、22.6% 和 29.0%。由此可见,气体吸附对煤体渗透率起抑制作用。其原因是,煤体吸附气体后会发生吸附膨胀变形,但是在围压的束缚下,其只能向内发生变形,从而压缩煤体内部的渗流通道,进而导致渗透率降低。且吸附量越大,其吸附膨胀变形也越大,故渗透率的降低率也越大。

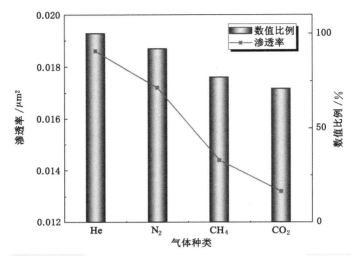

图 4-5　渗透率随气体吸附量的变化规律

4.3.5　全应力应变过程煤体渗流规律

　　除上述试验结果外,为了更直观地体现循环动载作用下煤体渗透率的整个演化过程,还整理得到不同循环动载振幅下煤岩体三轴压缩应力-应变与渗透率关系曲线,具体如图 4-6 所示。由图可以看到,煤样的应力、轴向应变与渗透率之间存在较好的耦合关系。从图中还可以看出,煤体的应力-应变曲线可分为Ⅰ压密阶段、Ⅱ弹性振荡阶段、Ⅲ塑性变形阶段和Ⅳ破坏阶段,相应的渗透率曲线也对应四个区域:Ⅰ压密降低区、Ⅱ振荡区和Ⅲ恢复缓增区和Ⅳ破坏骤增区。

　　Ⅰ压密降低区:从初始压缩点到循环动载施加前的渗透率曲线最低点,该阶段对应应力-应变曲线的压密阶段和弹性变形阶段。该时期内煤样渗透率呈非线性降低趋势,降低速率逐渐放缓,降幅约为初始渗透率的 50%。原因是在轴向荷载的逐步作用下,煤体内部的原生裂隙被逐渐压密,裂隙连通程度降低,进而孔隙率降低,气体分子流通的孔道变窄并变少,渗透率出现下降的现象。且随着轴向应力逐渐增大,煤体进一步被压缩,煤样的体积也不断缩小。

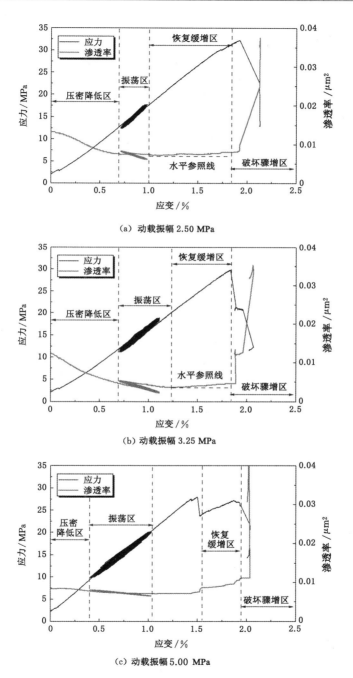

（a）动载振幅 2.50 MPa

（b）动载振幅 3.25 MPa

（c）动载振幅 5.00 MPa

图 4-6　不同循环动载振幅下煤岩体应力-渗透率-应变关系曲线

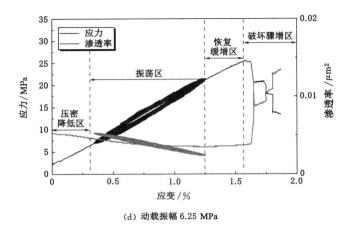

(d) 动载振幅 6.25 MPa

图 4-6 （续）

　　Ⅱ振荡区：该区域出现在循环动载的施加阶段，随着循环动载的施加，此阶段的渗透率也出现耦合共振的趋势，且动载施加后的渗透率要大于动载施加前的渗透率，原因是在循环动载的作用下，煤体骨架产生不可恢复的塑性变形，损伤破坏缓慢积累，供气体流动的通道增多，因此渗透率逐渐增大。

　　Ⅲ恢复缓增区：从渗透率曲线振荡区末端到曲线斜率突增点，该阶段对应应力-应变曲线的塑性变形阶段。该时期内随着轴向应力升高，渗透率也有所增长。由于外界荷载作用，煤体骨架产生不可恢复的塑性变形，损伤破坏缓慢积累，大量新裂隙萌生、发育并稳定扩展，因此渗透率逐渐恢复。

　　Ⅳ破坏骤增区：从渗透率曲线斜率激增点开始直至测试结束，该阶段对应应力-应变曲线的峰值强度及峰后阶段。该时期内煤样渗透率曲线呈现近似垂直式上升。相对于初始渗透率，该阶段结束时的渗透率扩大 2 倍左右。当轴向荷载达到并超过煤体极限承载能力时，煤样内部损伤由连续的分布损伤快速发展为局部或整体损伤，再加上煤样脆性较强，失稳扩展产生的内部裂隙在极短的时间内延伸汇合并形成贯通性大裂隙，气体流动情况得到显著改善，因此呈现出渗透率陡增的现象。

　　此外，还整理得到不同振幅动载作用下的煤体应力-渗透率时程曲线，具体如图 4-7 所示。从图中可以看出，煤体应力加载曲线和渗透率变化呈现同步共振的现象，而当循环动载施加完毕，应力恢复到动载施加前的水平时，此时渗透率却无法恢复，而是有了一定程度的增大（从图中渗透率演化曲线和水平参照线可以对比得出）。其原因是在动载施加过程中，煤体内部裂隙进一步发育，导致渗流通道拓宽和增多，从而在一定程度上增大了煤体的渗透率。

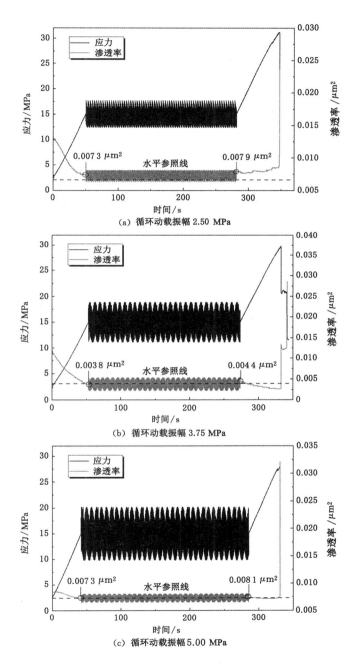

图 4-7　不同循环动载振幅下煤岩体应力-渗透率时程曲线

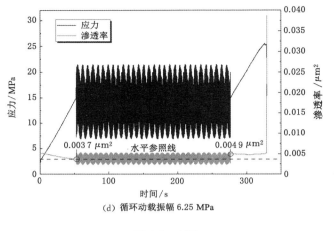

(d) 循环动载振幅 6.25 MPa

图 4-7 （续）

不同循环动载作用过程中煤体渗透率增幅如图 4-8 所示。由图可见,随着循环动载振幅的增大,动载施加阶段煤体渗透率的增大量也随着上升,说明在动载施加过程中,随着循环动载振幅的增大,煤体内部产生的损伤也增大,裂隙发育也更丰富,此规律也验证了第 3 章的结论:动载振幅越大,煤体损伤程度越高。

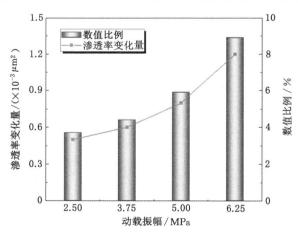

图 4-8 不同循环动载作用过程中煤体渗透率增幅

不同循环动载作用过程中煤体渗透率增幅和屈服应变耦合曲线如图 4-9 所示。由图可见,随着动载振幅的增大,动载施加过程中的屈服应变也增大,表明煤体进一步被压缩,但是渗透率却出现上升的现象,原因是在此过程中,裂隙沿着径向进一步扩展,从而导致渗透率的持续上升。

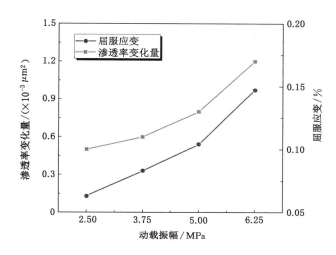

图 4-9　不同循环动载作用过程中煤体渗透率增幅和屈服应变耦合曲线

　　循环动载作用后,煤体在破坏时候的最大渗透率也有所提升,具体如图 4-10 所示。由图可见,当循环动载振幅分别为 2.50 MPa、3.75 MPa、5.00 MPa 和 6.25 MPa 时,煤体渗透率最大值(峰值破坏阶段)分别为 0.025 5 μm^2、0.028 6 μm^2、0.032 1 μm^2 和 0.038 6 μm^2,和基准值 0.013 5 μm^2 相比(不加动载时的初始渗透率),分别增长了 88.9%、111.9%、137.8% 和 185.9%。可见,动载的作用不仅会增大煤体当前的渗透率,对其破坏时的最大渗透率的增大作用也不容忽视。

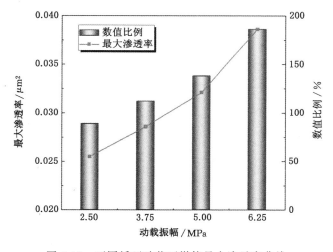

图 4-10　不同循环动载下煤体最大渗透率曲线

4.4 渗透率对循环动载的敏感性分析

随着煤层开采深度的增加,地应力(静载)、瓦斯压力(气体吸附量)和动载扰动均在不断变化,含瓦斯煤的渗透率不是固定不变的,是某种或者某几种影响因素的函数。煤层渗透率的影响因素众多,本书着重分析动静载和瓦斯吸附的影响。深部煤岩体自身构造复杂、所处的环境复杂、演化规律瞬息万变,普通的控制变量法无法对其规律进行较好的阐述,因此本节定义了煤体渗透率的敏感系数对其进行描述。

4.4.1 渗透率变化曲线拟合

图 4-11 给出了不同气体煤岩渗透率随循环动载频率的变化规律。结果表明:在固定静载阶段的条件下,煤岩渗透率随循环动载的增加呈指数函数形式上升。原因是在循环动载频率增长初期,循环动载的能量上升较慢,煤体产生的损伤和裂隙较少,所以煤体渗透率上升速度较慢;但是随着循环动载频率的持续上升,其能量上升得越来越快,渗透率上升的速度越来越快(此结论仅限于 6 Hz 及以内的循环动载)。

对图 4-11 中的曲线进行拟合,发现当吸附性气体和静载阶段恒定时,煤岩渗透率随循环动载的频率 ν 增加呈指数函数形式上升,形式如下:

$$k = a_0 e^{b_0 \nu} \tag{4-1}$$

式中 k——煤体渗透率;

　　　　a_0、b_0——拟合常数,量纲为 1,a_0 反映了渗透率的大小,b_0 反映了渗透率变化的快慢。

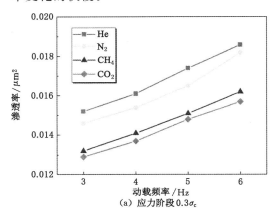

图 4-11　不同气体煤岩渗透率随循环动载频率的变化规律

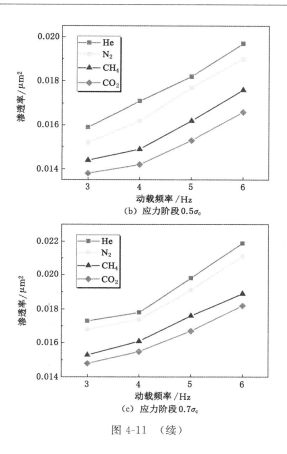

（b）应力阶段 $0.5\sigma_c$

（c）应力阶段 $0.7\sigma_c$

图 4-11　（续）

表 4-2 给出了煤体在不同静载阶段对不同气体的渗透率拟合结果和 R^2 值，可以看出指数函数拟合效果较好。

表 4-2　渗透率拟合结果

静载阶段	气体种类	常数 a_0	常数 b_0	相关系数 R^2
$0.3\sigma_c$	He	0.012 3	0.069 3	0.997 3
	N_2	0.011 6	0.068 8	0.981·3
	CH_4	0.010 7	0.068 3	0.996 3
	CO_2	0.010 5	0.066 7	0.997 2
$0.5\sigma_c$	He	0.012 9	0.070 5	0.998 0
	N_2	0.012 1	0.075 8	0.996 7
	CH_4	0.011 6	0.068 6	0.973 2
	CO_2	0.011 3	0.062 9	0.965 1

表 4-2(续)

静载阶段	气体种类	常数 a_0	常数 b_0	相关系数 R^2
	He	0.013 3	0.081 4	0.958 4
$0.7\sigma_c$	N_2	0.013 1	0.077 7	0.966 3
	CH_4	0.012 2	0.072 3	0.991 3
	CO_2	0.011 9	0.069 5	0.984 2

4.4.2 循环动载敏感性评价参数

以下拟从两个方面分析煤岩渗透率对循环动载频率的敏感性,此分析主要涉及两个参数:渗透率变化率和渗透率动载敏感性系数。这两个参数分别可以反映渗透率变化的大小程度和快慢程度。

4.4.2.1 渗透率变化率

本节中所述的渗透率变化率为当静载应力阶段和气体种类一定时,循环动载频率引起的渗透率的变化,其计算公式如下:

$$D_v = \frac{k_i - k_0}{k_0} \tag{4-2}$$

式中 D_v ——煤岩渗透率的变化率,表示渗透率变化的大小;

k_0 ——煤体的初始渗透率,μm^2,取不加动载时的氦气初始渗透率($0.012\ 5\ \mu m^2$);

k_i ——动载频率增加后的渗透率,μm^2,本书取试验中稳定后的最终渗透率值。

4.4.2.2 渗透率动载敏感性系数

渗透率动载敏感性系数定义为当静载应力阶段和气体种类恒定时,循环动载频率每升高 1 Hz 所引起的煤岩渗透率的相对变化量[155]。借鉴文献[155]的结论,结合本书中的函数特点,渗透率动载敏感性系数具体可用如下公式表示:

$$C_v = \frac{1}{k_0} \frac{\partial k}{\partial \nu} \tag{4-3}$$

式中 C_v ——动载敏感性系数,Hz^{-1};

∂k ——渗透率变化量,μm^2;

$\partial \nu$ ——动载频率变化量,Hz。

C_v 值越大表明渗透率动载敏感性越强,反之敏感性越低。

4.4.3 循环动载敏感性分析

不同静载阶段、不同吸附气体的煤体的渗透率变化率计算结果如表 4-3 所示。

从表中数据可知,当静载应力阶段恒定时,煤体渗透率变化率随着吸附量的增大而减小,但是一直保持是正值,说明循环动载对煤体渗透率起到增大作用,只是增大程度随着吸附量的增大而减小。当吸附量恒定时,煤体渗透率变化率随着静载应力阶段的增大而增大,且增幅最大可达 75.2%。由此可见,煤体渗透率对循环动载的敏感性较强,且静载应力阶段越大越敏感,吸附量越大敏感性越低。

表 4-3 渗透率变化率计算结果

静载阶段	渗透率变化率 D_v/%			
	He	N_2	CH_4	CO_2
$0.3\sigma_c$	48.8	45.6	29.6	25.6
$0.5\sigma_c$	57.6	52.0	40.8	32.8
$0.7\sigma_c$	75.2	68.8	51.2	45.6

将式(4-1)代入式(4-3),求得渗透率动载敏感性系数 C_v 与动载频率 ν 之间的关系如下:

$$C_v = a_1 e^{b_1 \nu} \tag{4-4}$$

式中 a_1、b_1——拟合常数,a_1 与煤岩渗透率大小有关,b_1 反映了动载敏感性系数变化的快慢,b_1 值越大,动载敏感性系数变化越快。

动载敏感性系数与动载频率的关系也服从指数函数关系,动载频率越大,敏感性系数越大,计算结果见表 4-4。

表 4-4 动载敏感性系数计算结果

静载阶段	气体种类	常数 a_1	常数 b_1
$0.3\sigma_c$	He	0.068 2	0.069 3
	N_2	0.063 8	0.068 8
	CH_4	0.058 5	0.068 3
	CO_2	0.056 0	0.066 7
$0.5\sigma_c$	He	0.072 8	0.070 5
	N_2	0.073 4	0.075 8
	CH_4	0.063 7	0.068 6
	CO_2	0.056 9	0.062 9
$0.7\sigma_c$	He	0.086 6	0.081 4
	N_2	0.081 4	0.077 7
	CH_4	0.070 6	0.072 3
	CO_2	0.066 2	0.069 5

渗透率动载敏感性系数呈现出了和渗透率变化率相似的规律,煤体渗透率对动载频率有着较强的敏感性,且敏感性随着吸附性气体吸附量的增大而减小,随着静载应力阶段的增大而增大。

4.5 动静载作用下吸附瓦斯煤体渗透率演化模型

4.5.1 模型研究现状

近年来,随着专家学者对深部煤岩动力灾害认识的不断深入,发现简单的达西定律已经不能精确地描述多场耦合环境下的煤岩体渗透率演化。国内外众多学者通过煤岩三轴试验模拟再现深部孕灾环境,研究多因素耦合条件下煤岩体渗流规律,基于经典渗流理论,进行了一系列采掘过程中煤体渗透率模型研究[156-159]。程远平等[160]考虑了加载过程中煤岩体的屈服应变,建立了和应变相关的渗透率模型;荣腾龙等[161]基于煤岩立方体结构模型,考虑了吸附解吸引起裂隙变形和损伤破裂造成煤基质劣化;薛熠等[162-163]基于煤岩立方体结构,以裂隙平板模型为基础,建立了考虑峰后损伤、应力变化对煤岩裂隙发育敏感性及基质损伤的峰后煤岩体渗透率模型;Zhang 等[164]基于损伤力学和断裂力学的相关理论,以煤岩立方体结构模型为基础建立了有效应力型渗透率模型,该模型综合考虑了采掘活动引起的煤岩体裂纹扩展以及瓦斯吸附造成的煤体变形;白鑫等[165]基于煤岩立方体结构模型,纳入有效应力的影响,在传统模型的基础上引进了有效应力孔隙变形因子,建立了相应的渗透率模型。

对于发展动态分析,虽然目前已有大量学者基于煤岩立方体结构建立了采动应力作用下煤岩渗透率模型,但是未能综合考虑动静载和瓦斯吸附等多重因素,且现有研究在考虑煤岩变形过程中,多是将应力、瓦斯吸附引起的变形量简单叠加,并不能真实地反映出两者对煤岩渗透率的影响。为此,本章在前人的研究基础上,综合考虑煤岩体动载冲击损伤、静载损伤和瓦斯吸附损伤,以及动静载和瓦斯吸附综合作用引起的煤岩割理及基质变形,忽略煤岩基质内的扩散渗流,分别引入动静载、瓦斯吸附作用下煤体割理孔隙变形影响因子,建立动静载和瓦斯吸附耦合煤岩渗透率模型,定量描述多场耦合条件下煤岩体的渗流演化规律。

4.5.2 理论基础

煤岩作为一种多孔介质,研究起来比较复杂,当前学者为了研究其渗透率规律,提出来一种立方体结构模型,具体如图 4-12 所示[166]。其中面节理和端节理之间有一定的空隙存在,且在动静载和瓦斯吸附的损伤作用下,会在煤基质产生新的裂隙。

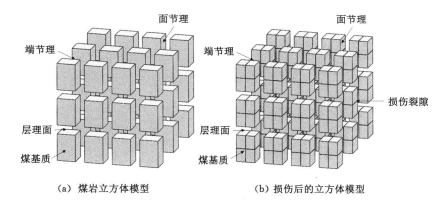

（a）煤岩立方体模型　　　　　　　（b）损伤后的立方体模型

图 4-12　煤岩立方体模型[166]

本书中渗透率的推导是基于学术界内认可度较高的立方定律来开展，即煤岩体渗透率和其孔隙率之间大致满足一个立方的规律，其具体表达形式为[160,162-163]：

$$k = k_0 \left(\frac{\varphi}{\varphi_0} \right)^3 \tag{4-5}$$

式中　k——煤岩渗透率，μm^2；

k_0——煤岩初始渗透率，μm^2；

φ——孔隙率，%；

φ_0——煤层的初始孔隙率，%。

从式（4-5）可以看出，煤岩渗透率由孔隙率的变化直接决定，而动静载和瓦斯吸附耦合作用下的煤岩孔隙率变化又取决于煤岩体的损伤变形，如图 4-12（b）所示[162]。此部分损伤变形来源复杂，难以直接定量表示。Xue 等[167]研究表明该损伤变形可以立方体模型为基础，进而引进损伤变形因子来描述。因此本书以立方体模型为基础，考虑煤岩动静载损伤和瓦斯吸附损伤综合作用引起的煤岩割理及基质变形，引入动静载损伤和瓦斯吸附损伤作用下煤体孔隙变形影响因子，最终建立煤岩体渗透率演化模型。

4.5.3　模型假设

为了更好地建立动静载和瓦斯吸附耦合损伤作用下煤岩渗透率演化模型，在本章中做以下三条假设：

（1）煤基质为各向同性，煤岩体结构中含有大量的割理单元，且各个单元之间的距离相同。

（2）煤岩体单元之间只存在由动静载和瓦斯吸附膨胀产生的应力作用。

（3）煤岩体孔隙率的变化主要受动静载和瓦斯吸附作用下基质变形导致的割理变形的影响。

本章中采用的孔隙率表达式为 Reiss 孔隙率表达式[168]：

$$\varphi_0 = \frac{3b_2}{a_2} \tag{4-6}$$

式中　a_2——煤岩基质单元的边长；

　　　b_2——煤岩割理宽度，且 $b_2 \ll a_2$。

4.5.4　动静载作用下损伤煤岩割理孔隙变形

此阶段暂不考虑瓦斯吸附的作用，则煤岩体在动静载作用前后的割理变形量可表示为：

$$\Delta u_{\sigma_i} = u^\sigma - u_m^\sigma = (b_2 + a_2)\Delta\varepsilon_s^\sigma - a_2\Delta\varepsilon_m^\sigma \tag{4-7}$$

式中　Δu_{σ_i}——动静载作用下的煤体割理单元变形量；

　　　u^σ——动静载作用下煤体单元整体位移变形量；

　　　u_m^σ——动静载作用下煤体单元固体骨架位移变形量；

　　　$\Delta\varepsilon_s^\sigma$——煤岩单元在动静载作用下的应变量；

　　　$\Delta\varepsilon_m^\sigma$——煤岩基质单元在动静载作用下的应变量。

引入广义胡克定律可得：

$$\Delta\varepsilon_s^\sigma = \frac{1}{E_s}\left[\Delta\sigma_x^e - \mu_s(\Delta\sigma_y^e + \Delta\sigma_z^e)\right]$$

$$\Delta\varepsilon_m^\sigma = \frac{1}{E_m}\left[\Delta\sigma_x^e - \mu_m(\Delta\sigma_y^e + \Delta\sigma_z^e)\right] \tag{4-8}$$

式中　E_s 和 E_m——煤岩单元和基质的弹性模量，MPa；

　　　$\Delta\sigma_x^e, \Delta\sigma_y^e, \Delta\sigma_z^e$——煤岩体单元在 x, y, z 坐标轴方向的应力变化量，MPa；

　　　μ_s, μ_m——煤岩单元和基质的泊松比。

将式（4-8）代入式（4-7），因 $b_2 \ll a_2$，合并后可得：

$$\Delta u_{\sigma_i} = a_2\left(\frac{1}{E_s} - \frac{1}{E_m}\right)\left[\Delta\sigma_x^e - \mu(\Delta\sigma_y^e + \Delta\sigma_z^e)\right] \tag{4-9}$$

受动静荷载作用后煤岩体弹性模量发生劣化，根据文献［204］的内容，存在：

$$\left.\begin{array}{l} E_s = (1-D)E_{s0} \\ E_m = (1-D)E_{m0} \end{array}\right\} \tag{4-10}$$

根据有效应力公式可得：

$$\Delta\sigma^e = \Delta\sigma - \alpha(p - p_0) = \Delta\sigma - \alpha\Delta p \tag{4-11}$$

式中　$\Delta\sigma$——煤体的应力增量，MPa；

　　　α——Biot 系数；

　　　p_0——煤岩体初始气压，MPa；

　　　p——煤岩内实时气压，MPa；

　　　Δp——煤体瓦斯压力差，MPa。

联立式（4-10）、式（4-11）和式（4-9）可得动静载作用下的孔隙割理变形量：

$$\Delta u_{\sigma_i} = a_2 \left[\frac{1}{1-D} \left(\frac{1}{E_{s0}} - \frac{1}{E_{m0}} \right) \right] \left[\Delta\sigma_x - \mu\Delta\sigma_y - \mu\Delta\sigma_z + (2\mu-1)\alpha\Delta p \right]$$

$$(4\text{-}12)$$

4.5.5　瓦斯吸附作用下损伤煤岩割理变形

此阶段不考虑动静荷载的作用，仅考虑瓦斯吸附的作用，同样瓦斯吸附引起的割理变形量可表示为：

$$\Delta u_d = u^d - u_m^d = (b_2 + a_2)\Delta\varepsilon_s^d - a_2\Delta\varepsilon_m^d = a_2(\Delta\varepsilon_s^d - \Delta\varepsilon_m^d) \qquad (4\text{-}13)$$

借鉴王登科等[169]的研究成果，可得瓦斯吸附作用下的基质收缩变形为：

$$\Delta\varepsilon_s^d - \Delta\varepsilon_m^d = \frac{4RTAC\rho_m}{9E_m V_m} \ln \frac{(1+Bp_0)}{(1+Bp)} \qquad (4\text{-}14)$$

联立式（4-10）、式（4-14）和式（4-13），可得：

$$\Delta u_d = a_2 \frac{4RTAC\rho_m}{(1-D)9E_{m0}V_m} \ln \frac{(1+Bp_0)}{(1+Bp)} \qquad (4\text{-}15)$$

4.5.6　煤岩渗透率模型建立

煤岩体在动静载和瓦斯吸附耦合作用下的渗透率变化是动静载与瓦斯吸附两种作用下的结果，因此存在：

$$\Delta u_b = \zeta\Delta u_{\sigma_i} + \xi\Delta u_d \qquad (4\text{-}16)$$

式中　Δu_b——动静荷载与吸附瓦斯引起的煤体变形量；

　　　ζ——动静荷载作用下的变形影响因子；

　　　ξ——瓦斯吸附作用下的变形影响因子。

联立式（4-12）、式（4-15）和式（4-16）可得：

$$\Delta u_b = a_2 \frac{1}{(1-D)} \left\{ \zeta\left(\frac{1}{E_{s0}} - \frac{1}{E_{m0}} \right) \left[\Delta\sigma_x - \mu(\Delta\sigma_y + \Delta\sigma_z) + \right. \right.$$

$$\left. \left. (2\mu-1)\alpha\Delta p \right] + \xi \frac{4RTAC\rho_m}{9V_m E_{m0}} \ln \frac{(1+Bp_0)}{(1+Bp)} \right\} \qquad (4\text{-}17)$$

联立式（4-17）和式（4-6）可得：

$$\varphi = \varphi_0 + 3\frac{\Delta u_b}{a_2} = \varphi_0 + \frac{3}{1-D} \left\{ \zeta\left(\frac{1}{E_{s0}} - \frac{1}{E_{m0}} \right) \left[\Delta\sigma_x - \mu(\Delta\sigma_y + \Delta\sigma_z) + \right. \right.$$

$$(2\mu - 1)\alpha\Delta p] + \xi\frac{4RTAC\rho_{\mathrm{m}}}{9V_{\mathrm{m}}E_{\mathrm{m0}}}\ln\frac{(1+Bp_0)}{(1+Bp)}\Big\} \tag{4-18}$$

假设损伤煤岩基质单元为各向同性材料,则式(4-18)可化简为:

$$\varphi = \varphi_0 + \frac{3}{1-D}\Big\{\zeta\Big(\frac{1}{E_{\mathrm{s0}}} - \frac{1}{E_{\mathrm{m0}}}\Big)\big[(1-2\mu)\Delta\sigma +$$

$$(2\mu - 1)\alpha\Delta p] + \xi\frac{4RTAC\rho_{\mathrm{m}}}{9V_{\mathrm{m}}E_{\mathrm{m0}}}\ln\frac{(1+Bp_0)}{(1+Bp)}\Big\} \tag{4-19}$$

根据立方型渗透率模型,可得:

$$k = k_0\Big\{1 + \frac{3}{(1-D)\varphi_0}\Big\{\zeta\Big(\frac{1}{E_{\mathrm{s0}}} - \frac{1}{E_{\mathrm{m0}}}\Big)\big[(1-2\mu)\Delta\sigma + (2\mu - 1)\alpha\Delta p\big] +$$

$$\xi\frac{4RTAC\rho_{\mathrm{m}}}{9V_{\mathrm{m}}E_{\mathrm{m0}}}\ln\frac{(1+Bp_0)}{(1+Bp)}\Big\}\Big\}^3 \tag{4-20}$$

本渗透率演化方程为后续第5章中动静载作用下吸附瓦斯煤岩损伤-渗流多场耦合动力学模型的构建提供基础。

4.6 本章小结

本章聚焦动静载和瓦斯吸附耦合作用下煤体渗透率的演化规律,考虑了动载频率和振幅、静载阶段和吸附气体种类等关键因素的影响,所得主要结论如下:

(1)随着动载频率和振幅的增大、静载阶段的增大(压密—弹性—屈服),煤体在动载循环过程中产生的损伤越来越大,产生的屈服应变也越来越大,孔裂隙发育越来越剧烈,从而导致煤体渗透率逐渐增大,尤其在接近屈服阶段的时候,渗透率增幅可达46.7%。随着气体吸附性的增强,煤体渗透率逐渐降低。

(2)得到了不同循环动载振幅下煤岩体全应力-应变与渗透率关系曲线,煤样应力、轴向应变与渗透率之间呈现较好的耦合对应关系,且整体呈现出经典的"V"形变化趋势。在压密阶段,煤体渗透率由于孔裂隙的闭合,呈现降低的趋势。进入动载循环阶段后,渗透率和应力应变呈现同频共振的现象,且此阶段结束后,渗透率和应变均无法恢复到动载施加前的水平。接着进入塑性变形阶段,此时渗透率由于煤体内部孔裂隙发育,慢慢向初始渗透率水平恢复。最后在破坏阶段,渗透率突增,最大可达初始渗透率的4~5倍。

(3)进行了渗透率对动静载和瓦斯吸附的敏感性分析,定义了渗透率变化率和渗透率动载敏感性系数两个评价参数,从而将影响因素进行归一化处理,分别考察各个因素的敏感性。当静载应力阶段恒定时,动载作用下的煤体渗透率变化率随着吸附量的增大而减小。当吸附量恒定时,动载作用下的煤体渗透率变化率随着静载应力阶段的增大而增大,且增幅最大可达 75.2%。通过渗透率变化率可得,煤体渗透率对循环动载的敏感性较强,且静载应力阶段越大越敏感,吸附量越大敏感性越低。渗透率动载敏感性系数呈现出了和渗透率变化率相似的规律,煤体渗透率对动载频率有着较强的敏感性,且敏感性随着吸附性气体吸附量的增大而减小,随着静载应力阶段的增大而增大。

　　(4)综合考虑煤岩体动载冲击损伤、静载损伤和瓦斯吸附损伤,以及动静载和瓦斯吸附解吸综合作用引起的煤岩割理及基质变形,忽略煤岩基质内的扩散渗流,分别引入动静载、吸附/解吸作用下煤体割理孔隙变形影响因子,建立了动静载和瓦斯吸附耦合作用下煤岩渗透率演化模型。

第5章 损伤-渗流多场耦合动力学模型建立

　　现有含瓦斯煤气固耦合模型存在以下不足：应力场方程参数采用的是煤体参数，没有考虑瓦斯吸附和动静加载后煤体的损伤劣化；孔隙率、渗透率采用煤体弹性阶段恒定值；模型中未考虑动静叠加荷载下煤体损伤参数。

　　本章在综合分析国内外学者研究成果的基础上推导完成耦合损伤演化方程，结合第4章得到的渗透率演化方程，综合考虑吸附瓦斯损伤劣化作用、静载变形破坏作用和动静荷载损伤破裂作用，构建动静加载和瓦斯吸附条件下损伤-渗流多场耦合动力学模型，进一步深入研究煤与瓦斯突出、冲击地压等动力灾害的机理与规律。

5.1 基本假设

　　瓦斯在煤岩体中的存在形式可分为吸附态和游离态两种，各自遵循各自的相关规律，但是两者并不是保持一成不变的状态，而是可以相互转化。吸附态瓦斯在环境压力降低时会解吸脱附，相应的游离瓦斯在环境压力升高时也会转成吸附态[170]。由于煤与瓦斯气固耦合相互作用的复杂性，相关学者在建立相应的模型时，均对其耦合过程做了一定的简化。基于前人的研究，本书针对自己的研究重点，做了如下简化和假设：

　　(1) 各向同性原则：煤岩体是各向同性的，即在任意方向上的物理量大小都是相同的。

　　(2) 整个气固耦合过程中是恒温状态。

　　(3) 煤岩体内的瓦斯的状态方程可表达如下[171]：

$$\rho_g = \frac{M_g p}{RT}$$

(5-1)

式中　ρ_g——气体密度，kg/m^3；

　　　R——摩尔气体常数，$J/(mol \cdot K)$；

M_g——气体分子量,kg/mol;

T——温度,K;

p——气体压力,Pa。

（4）煤岩体内的吸附态瓦斯含量可表达如下[172]：

$$Q_a = \frac{ABp}{1+Bp} \tag{5-2}$$

式中　p——气体压力,MPa;

Q_a——压力 p 下单位质量煤样的瓦斯吸附量,m³/kg;

A——吸附常数,m³/kg;

B——吸附常数,MPa^{-1}。

（5）煤体内的游离态瓦斯含量可表达如下：

$$Q_f = \rho_g \varphi \tag{5-3}$$

式中　Q_f——游离瓦斯含量,m³/kg;

φ——孔隙率。

（6）煤岩体内的瓦斯流动符合达西定律：

$$v = -\frac{k}{\mu_g} \nabla p \tag{5-4}$$

式中　v——瓦斯流速,m/s;

∇p——瓦斯压力梯度,Pa/m;

μ_g——动力黏度系数。

其中：

$$k = k_0 \left\{ 1 + \frac{3}{(1-D)\varphi_0} \left\{ \zeta \left(\frac{1}{E_{s0}} - \frac{1}{E_{m0}} \right) \left[(1-2\mu)\Delta\sigma + (2\mu-1)\alpha\Delta p \right] + \right. \right.$$
$$\left. \left. \xi \frac{4RTAC\rho_m}{9V_m E_{m0}} \ln \frac{(1+Bp_0)}{(1+Bp)} \right\} \right\}^3 \tag{5-5}$$

（7）煤岩体的变形符合广义胡克定律[173-175]：

$$\sigma_{ij} = \lambda \delta_{ij} e + 2G\varepsilon_{ij} \ (i,j=1,2,3) \tag{5-6}$$

式中　σ_{ij}——有效应力张量;

ε_{ij}——应变张量;

δ_{ij}——Kronecker 符号;

λ——煤体的拉梅常数;

G——煤体的剪切模量。

（8）应力应变的符号定义方式和弹性力学中的定义方式相同,即拉应力与伸长应变为正,压应力和压缩应变为负。

5.2 动静载和气体吸附耦合损伤演化方程

5.2.1 损伤演化方程研究现状

目前描述煤岩损伤本构模型的研究方法主要是基于唯象的统计损伤力学理论,国内外学者已开展了大量岩石和煤岩损伤本构模型研究[176-179]。针对本书的研究方向,将相关研究分为以下三类。

针对应力加载作用,Zhou 等[180] 和 Deng 等[181] 基于不同理论强度准则,以微单元的破坏强度为切入点,建立了比较早的煤岩体损伤本构模型,极大地丰富了岩石损伤力学的发展;曹文贵等[182-183] 主要考虑了煤岩体在轴向应力作用下的变形规律,引入轴向应变软化因子,建立了轴向应变软化损伤本构模型;魏明尧等[184] 综合考虑了煤岩体的轴向应变和环向应变,以试验结果为推导基础,拟合推导了三轴应力状态下的煤岩体损伤本构模型;高峰等[185] 不仅考虑了煤岩体弹性阶段的损伤,还纳入了屈服阶段的损伤演化关系并建立了相应的损伤本构模型;Turichshev 等[186] 构建了复合岩体黏结块体模型来模拟完整脉状岩石的力学行为;Unteregger 等[187] 提出了一种描述不同类型完整岩石在复杂三维应力状态下非线性力学行为的本构模型;Pourhosseini 等[188] 建立了完整岩石在静载荷作用下的非线性本构模型;Yang 等[189] 总结了常规三轴压缩试验条件下岩石的应力应变关系,结合损伤和塑性两种机理,在考虑经典本构模型优缺点的基础上,对经典塑性统计损伤模型进行了改进。

针对瓦斯吸附作用,刘力源等[190] 考虑了煤体吸附瓦斯后的力学劣化效应,建立了考虑气体吸附损伤的双重孔隙介质力学模型;翟盛锐[191] 基于瓦斯吸附对煤岩体力学参数的劣化试验规律,建立了含有孔隙瓦斯压力参数的吸附损伤演化模型;Ranathunga 等[192] 构建了一个新型吸附瓦斯煤体的非线性本构模型;Yang 等[193] 基于煤岩体压缩过程中的能量演化规律,建立了包含能量参数的损伤演化模型;Zhu 等[3] 基于多种破坏准则,分段建立了煤岩体的损伤演化模型;Yang 等[194] 从气体的可压缩性出发,提出了压缩能的概念,并考虑煤的非线性变形特性,建立了煤的非线性本构关系。

针对动载作用,郑永来等[195] 重点考虑了动载作用后的应变率效应,建立了相应的损伤本构模型;单仁亮等[196] 重点考虑了损伤本构模型中的时间效应,将煤岩体损伤模型看作是弹性模型和时效模型的组合体,给损伤模型的创新和完善提供了新思路;李夕兵等[197] 在此模型的基础上,充分考虑了静载带来的影响,更准确地描述了动静组合条件下的损伤本构关系;刘军忠等[198] 基于Weibull 分布推导了动静载作用下的煤岩体损伤演化方程,但是模型中只是将动静载单纯地叠加,没有考虑二者的耦合叠加效应,且方程中只考虑了轴压作用,没有将围压考虑在内;朱晶晶等[199]和王春等[200]研究了动静组合加载下循环冲击荷载对岩石的损伤效应。

综上所述,现有的模型还存在以下不足:

(1)只单独考虑瓦斯吸附作用或者动静加载作用,瓦斯吸附和动静加载耦合作用的模型还是空白。

(2)现有模型对于动载产生的损伤多考虑为瞬时损伤,而现场灾害发生多为多次扰动荷载累计损伤致岩石失稳破坏。

(3)对于瓦斯吸附作用,没有综合考虑气体吸附对煤体的损伤作用和有效应力作用。

5.2.2 方程假设

将煤岩体看作是由多个微小单元组合而成的连续的各向同性介质,且每个微小单元受到外力后均可以发生或大或小的损伤,且这些损伤可以耦合叠加。除此之外,这些微小单元可以无限小,但是同时又是连续的。为了实现对动静载和气体吸附耦合损伤本构模型的推导,将加载过程中煤岩体的损伤看作是一个连续的过程[201]。动静载作用下吸附瓦斯煤岩体的损伤也服从统计分布原则,给定量描述损伤变量提供了可能性[133,202-203]。

5.2.3 模型推导

连续损伤力学方法描述了可变损伤变量的演化历程,为动静载作用下吸附瓦斯煤岩体的损伤演化应变关系提供了基础。在上节所述的基本假设下,随机选择煤体中的一个点来表示其微小单元,如图 5-1 所示,我们可以得到损伤前后单元截面积之间的关系:

$$\widetilde{A} = A - A_D \tag{5-7}$$

式中 A——初始法向截面积;

$\widetilde{A}$——有效承载面积;

A_D——损伤面积。

相应的损伤变量 D 按下式计算:

$$D = \frac{A_D}{A} = \frac{A - \widetilde{A}}{A} \tag{5-8}$$

当微单元在动静载和瓦斯吸附条件下,有效应力和损伤变量之间的关系可描述为:

$$\sigma^e = \frac{\sigma}{1 - D} \tag{5-9}$$

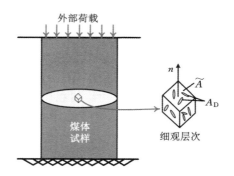

图 5-1　煤体各向同性损伤单元

式中　σ^e——有效应力。

应注意的是,通过细观层面解释煤岩体损伤机理是很困难的,因此,本节基于应变等效原则来表述损伤变量的演化[204]。应变等效原则可描述如下:

$$\varepsilon = \frac{\sigma^e}{E} = \frac{\sigma}{E^e} = \frac{\sigma}{(1-D)E} \tag{5-10}$$

式中　E、E^e——无损和损伤时的弹性模量;

　　　ε——应变。

同时,式(5-10)还可以表示成以下形式:

$$E^e = (1-D)E \tag{5-11}$$

基于应变等效原则可以得到:动静载和瓦斯吸附作用下煤岩体发生损伤,这种阶段下煤岩体产生的应变应该和其他损伤阶段下煤岩体产生的应变相等。因此,随意提取两种损伤阶段,可得如下表达式:

$$\sigma_1 A_1 = \sigma_2 A_2$$
$$\varepsilon = \frac{\sigma_1}{E_2} = \frac{\sigma_2}{E_1} \tag{5-12}$$

以煤岩体在不受外力作用下的状态为阶段 1,吸附瓦斯后的状态为阶段 2,可得如下表达式:

$$\sigma_0 A_0 = \sigma_p A_p \tag{5-13}$$

则由瓦斯吸附引起的损伤变量 D_p 可表示为:

$$D_p = \frac{A_0 - A_p}{A_0} \tag{5-14}$$

将式(5-14)代入式(5-13)可得:

$$\sigma_p = \frac{\sigma_0}{1-D_p} \tag{5-15}$$

由式(5-12)可得:

$$\varepsilon = \frac{\sigma_0}{E_p} = \frac{\sigma_p}{E_0} \tag{5-16}$$

联立式(5-15)与式(5-16)可得:

$$E_p = E_0(1 - D_p) \tag{5-17}$$

同理,以煤岩体只受瓦斯吸附作用下的状态为阶段 1,叠加外部动载作用下的状态为阶段 2,可得煤岩体在外部动载作用下的表达式:

$$\sigma = E_p(1 - D_v)\varepsilon \tag{5-18}$$

式中　D_v——循环动载损伤变量。

将式(5-17)和式(5-18)联立,得到考虑气体吸附与循环动载共同作用的煤体损伤劣化本构关系表达式:

$$\sigma = E_0(1 - D_p)(1 - D_v)\varepsilon \tag{5-19}$$

同理,以煤岩体在瓦斯吸附和循环动载共同作用下的状态为阶段 1,叠加外部静载作用下的状态为阶段 2,可得:

$$\sigma = E_p(1 - D_v)(1 - D_F)\varepsilon = E_0(1 - D_p)(1 - D_v)(1 - D_F)\varepsilon \tag{5-20}$$

定义动静载和瓦斯吸附耦合作用下的损伤因子 $D_{co} = 1 - (1 - D_p)(1 - D_v)(1 - D_F)$,其中 D_p、D_v 和 D_F 分别为气体吸附损伤因子、循环动载损伤因子和静载损伤因子,可得:

$$\sigma = E_0(1 - D_{co})\varepsilon \tag{5-21}$$

接下来一一阐述三个损伤因子的确定方法。

(1) 瓦斯吸附损伤因子

煤体吸附瓦斯前后的弹性模量在劣化试验中可由试验结果计算得出,故可根据第 3 章中不同气体吸附压力下煤岩体弹性模量的劣化率来定义瓦斯吸附损伤因子:

$$D_p = \log_s(p + 1)/100 \tag{5-22}$$

式(5-22)通过试验数据拟合所得,其中 D_p 为煤体瓦斯吸附损伤因子,p 为瓦斯压力,s 为瓦斯吸附参量。

(2) 循环动载损伤因子

目前,对于煤岩体在破坏过程中的损伤特征描述大多采用裂隙面积、应变状态或者波速来定义,不够直观和准确。研究表明,以 AE 振铃计数或 AE 能量为特征参数,能较好地反映材料损伤破坏情况[205-206]。因此,本节首先根据第 3 章试验结果拟合出动载损伤因子和循环动载频率与振幅的定量关系式,再与较为成熟的声发射方法得出的损伤因子进行对比,验证关系式的准确性。

根据第 3 章得到的试验数据,利用 Origin 绘图软件,绘制出动载损伤因子与动载频率和振幅的关系曲线,如图 5-2 所示。

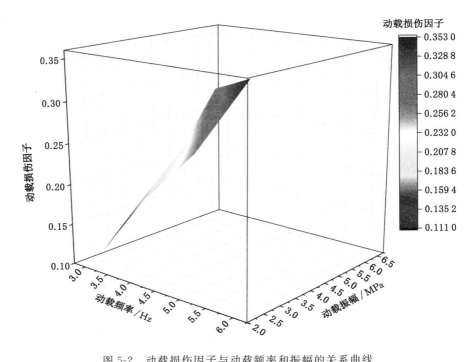

图 5-2　动载损伤因子与动载频率和振幅的关系曲线

对不同频率和振幅动载作用下煤体的损伤劣化率进行多元函数非线性拟合,通过多次迭代求解,得到动载损伤因子的函数表达式,如下式所示:

$$D_v = c_1 \omega + c_2 r^2 \tag{5-23}$$

式中　ω——循环动载频率,Hz;

　　　r——循环动载振幅,MPa;

　　　c_1、c_2——动载频率和振幅的相关参数,此处拟合取值分别为 0.048 37 和 0.002 95。

引入声发射参数在岩石损伤分析中的定义,为了和瓦斯吸附损伤区分开来,定义吸附瓦斯煤岩体没有受到动载损伤完全破坏时的累计 AE 参数(振铃计数、能量)为 N_0,受到动载损伤后完全破坏时的累计 AE 参数(振铃计数、能量)为 N_v。由第 3 章试验结论可知,受到动载损伤后的煤岩体完全破坏时的累计 AE 参数大于无动载损伤时的相应参数,且随着动载频率或者动载振幅的增大,其累计 AE 参数也相应增大,则其损伤率可由下式表示:

$$D_{AE} = \frac{N_v - N_0}{N_0} \tag{5-24}$$

为验证式(5-23)中动载损伤变量的适用性,将其和不同频率动载作用下的声发射参数损伤率相对比,其计算值和曲线如表 5-1 和图 5-3 所示。

表 5-1 不同频率循环动载作用下损伤计算结果

动载频率/Hz	N_v/次	N_0/次	D_{AE}	D_v	误差率
3	52 639	47 563	0.107	0.111	3.6%
4	57 040	47 563	0.199	0.195	2.1%
5	60 881	47 563	0.280	0.262	6.9%
6	64 882	47 563	0.364	0.353	3.1%

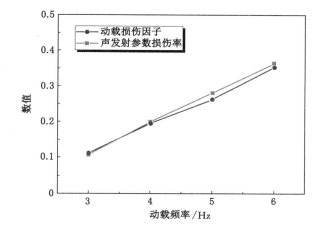

图 5-3 不同频率动载作用下损伤变量计算值和弹性模量损伤率对比曲线

同理,不同动载振幅条件下的声发射参数损伤率和动载损伤因子的计算值相对比,其计算值和曲线如表 5-2 和图 5-4 所示。

表 5-2 不同振幅循环动载作用下损伤计算结果

动载振幅/MPa	N_v/次	N_0/次	D_{AE}	D_v	误差率/%
2.50	52 639	47 563	0.107	0.111	3.6
3.75	55 599	47 563	0.169	0.161	5.0
5.00	58 165	47 563	0.223	0.208	6.3
6.25	61 759	47 563	0.298	0.280	6.4

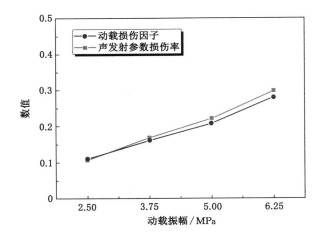

图 5-4　不同振幅动载作用下损伤因子计算值和声发射参数损伤率对比曲线

从上述图表中可以看出,不同频率和振幅动载作用下损伤因子计算值和声发射参数损伤率相差很小,误差率在 7% 以内,可见本动载损伤因子可以较好地表征煤岩体在动载作用下的损伤演化。

（3）静载损伤因子

在静态加载条件下,煤岩体内部微单元逐渐累加损伤破坏,最终导致煤岩体发生宏观破裂,则损伤率和煤体内部单元之间存在如下关系[207]:

$$\frac{\mathrm{d}D_F}{\mathrm{d}\varepsilon} = \varphi(\varepsilon) \tag{5-25}$$

式中　$\varphi(\varepsilon)$——煤岩体内部单元的损伤变化率。

煤岩体在外部荷载作用下,其内部损伤变量的演化大致服从 Weibull 分布[208]。静载作用下煤体内部单元的损伤因子可表示为:

$$D_F = 1 - \mathrm{e}^{-\left(\frac{\varepsilon}{n}\right)^k} \tag{5-26}$$

式中　n、k——煤岩体的形态和大小参数。

积分式(5-25)可得静载损伤因子表达式:

$$D_F = \int_0^\varepsilon \varphi(x)\mathrm{d}x = 1 - \mathrm{e}^{-\frac{1}{k}\left(\frac{\varepsilon}{\varepsilon_{\max}}\right)^k} \tag{5-27}$$

式中　$\varepsilon_{\max}$——煤岩体破坏时的峰值应变;

k——特征参数,$k = 1/\ln(E_0\varepsilon_{\max}/\sigma_{\max})$[209-210];

$\sigma_{\max}$——煤岩体的三轴抗压强度,MPa。

最终推导完成动静载和瓦斯吸附耦合损伤演化方程：

$$D_{co} = 1 - [1 - \log_s(p+1)/100](1 - c_1\omega - c_2 r^2) e^{-\frac{1}{k}\left(\frac{\epsilon}{\epsilon_{max}}\right)^k} \quad (5-28)$$

式中　s——瓦斯吸附劣化参数；

　　　p——瓦斯压力，MPa；

　　　c_1、c_2——动载参数；

　　　ω——动载频率，Hz；

　　　r——动载振幅，MPa。

式(5-28)即为基于 Weibull 分布的岩石在瓦斯吸附和动静载耦合作用下的损伤本构模型。本模型的创新在于在弹性模量的劣化中，综合考虑了动静载和瓦斯吸附产生的耦合损伤，同时，在有效应力的原理上考虑进了瓦斯压力的因素。

要研究荷载对煤岩体的破坏，就必须先确定煤岩体的初始损伤变量，这涉及如何合理地定义初始损伤变量。现场施工中，煤岩体均为气体吸附状态，因此本书试验和模型推导过程中，附加动载也是在煤体吸附气体之后。循环动载会在已经产生吸附损伤的煤体的基础上进一步地产生损伤。

5.3　煤体耦合应力场方程

5.3.1　平衡方程

含瓦斯煤体受力同样遵循应力平衡方程：

$$\begin{cases} \dfrac{\partial \sigma_x}{\partial x} + \dfrac{\partial \tau_{yx}}{\partial y} + \dfrac{\partial \tau_{zx}}{\partial z} + F_x = 0 \\[2mm] \dfrac{\partial \sigma_y}{\partial y} + \dfrac{\partial \tau_{xy}}{\partial x} + \dfrac{\partial \tau_{zy}}{\partial z} + F_y = 0 \\[2mm] \dfrac{\partial \sigma_z}{\partial z} + \dfrac{\partial \tau_{xz}}{\partial x} + \dfrac{\partial \tau_{yz}}{\partial y} + F_z = 0 \end{cases} \quad (5-29)$$

式中　F_x、F_y、F_z——单元体在 x、y、z 三个方向上承受的体积力；

　　　σ_i——正应力；

　　　τ_i——剪应力。

上式用张量符号可表示为：

$$\sigma_{ij,j} + F_i = 0 \quad (i,j=1,2,3) \quad (5-30)$$

沿用第 4 章的有效应力方程[211-213]：

$$\sigma_{ij}^e = \sigma_{ij} - \alpha p \delta_{ij} \quad (5-31)$$

式中　σ_{ij}^{e}——有效应力，MPa；

$\quad\quad\sigma_{ij}$——总应力，MPa；

$\quad\quad\alpha$——有效应力系数，无量纲；

$\quad\quad p$——煤体瓦斯压力，MPa；

$\quad\quad\delta_{ij}$——Kronecker 符号。

将式(5-31)代入式(5-30)可得以有效应力表示的煤体平衡微分方程：

$$\sigma_{ij,j}^{e}+(\alpha p\delta_{ij})_{,j}+F_i=0 \tag{5-32}$$

5.3.2　几何方程

此外，在含瓦斯煤的空间问题中，煤体的位移与应变还需要满足几何方程，即所谓的柯西方程，用张量符号可表示为[214-215]：

$$\varepsilon_{ij}=\frac{1}{2}(U_{i,j}+U_{j,i})\quad(i,j=1,2,3) \tag{5-33}$$

5.3.3　本构方程

动静载作用下吸附瓦斯煤依然适用弹性体的本构关系式，只是参数上发生相应的变化[174-175]，所以模型中的本构方程依然使用式(5-6)，其拉梅常数和剪切模量表达式如下式所示：

$$\begin{cases}\lambda=\dfrac{\widetilde{E}\mu}{(1+\mu)(1-2\mu)}=\dfrac{E(1-D)\mu}{(1+\mu)(1-2\mu)}=\dfrac{2G\mu}{(1-2\mu)}\\[4mm]G=\dfrac{\widetilde{E}}{2(1+\mu)}=\dfrac{E(1-D)}{2(1+\mu)}\end{cases} \tag{5-34}$$

5.3.4　应力场方程

将式(5-33)代入式(5-6)，可得：

$$\begin{cases}\sigma_x=\lambda\varepsilon_v+2G\dfrac{\partial u}{\partial x};\tau'_{xy}=G\left(\dfrac{\partial v}{\partial x}+\dfrac{\partial u}{\partial y}\right)\\[4mm]\sigma_y=\lambda\varepsilon_v+2G\dfrac{\partial v}{\partial y};\tau'_{yz}=G\left(\dfrac{\partial \omega}{\partial y}+\dfrac{\partial v}{\partial z}\right)\\[4mm]\sigma_z=\lambda\varepsilon_v+2G\dfrac{\partial \omega}{\partial z};\tau_{zx}'=G\left(\dfrac{\partial \omega}{\partial x}+\dfrac{\partial u}{\partial z}\right)\end{cases} \tag{5-35}$$

式中　u、v、ω——x、y、z 方向上的位移分量。

将式(5-35)代入式(5-32)，可得：

$$\begin{cases} \dfrac{\partial\left(\lambda\varepsilon_v + 2G\dfrac{\partial u}{\partial x}\right)}{\partial x} + \dfrac{\partial\left(G\left(\dfrac{\partial v}{\partial x} + \dfrac{\partial u}{\partial y}\right)\right)}{\partial y} + \dfrac{\partial\left(G\left(\dfrac{\partial \omega}{\partial x} + \dfrac{\partial u}{\partial z}\right)\right)}{\partial z} + \dfrac{\partial(p\varphi)}{\partial x} + F_x = 0 \\[4mm] \dfrac{\partial\left(\lambda\varepsilon_v + 2G\dfrac{\partial v}{\partial y}\right)}{\partial y} + \dfrac{\partial\left(G\left(\dfrac{\partial v}{\partial x} + \dfrac{\partial u}{\partial y}\right)\right)}{\partial x} + \dfrac{\partial\left(G\left(\dfrac{\partial \omega}{\partial y} + \dfrac{\partial v}{\partial z}\right)\right)}{\partial z} + \dfrac{\partial(p\varphi)}{\partial y} + F_y = 0 \\[4mm] \dfrac{\partial\left(\lambda\varepsilon_v + 2G\dfrac{\partial \omega}{\partial z}\right)}{\partial z} + \dfrac{\partial\left(G\left(\dfrac{\partial \omega}{\partial x} + \dfrac{\partial u}{\partial z}\right)\right)}{\partial x} + \dfrac{\partial\left(G\left(\dfrac{\partial \omega}{\partial y} + \dfrac{\partial v}{\partial z}\right)\right)}{\partial y} + \dfrac{\partial(p\varphi)}{\partial z} + F_z = 0 \end{cases}$$

$$(5\text{-}36)$$

将式(5-36)进行展开可得：

$$\begin{cases} \lambda\dfrac{\partial\varepsilon_v}{\partial x} + 2G\dfrac{\partial^2 u}{\partial x^2} + G\dfrac{\partial^2 u}{\partial y^2} + G\dfrac{\partial^2 v}{\partial x\partial y} + G\dfrac{\partial^2 u}{\partial z^2} + G\dfrac{\partial^2 \omega}{\partial x\partial z} + \dfrac{\partial(p\varphi)}{\partial x} + F_x = 0 \\[3mm] \lambda\dfrac{\partial\varepsilon_v}{\partial y} + 2G\dfrac{\partial^2 v}{\partial y^2} + G\dfrac{\partial^2 v}{\partial z^2} + G\dfrac{\partial^2 \omega}{\partial y\partial z} + G\dfrac{\partial^2 v}{\partial x^2} + G\dfrac{\partial^2 u}{\partial x\partial y} + \dfrac{\partial(p\varphi)}{\partial y} + F_y = 0 \\[3mm] \lambda\dfrac{\partial\varepsilon_v}{\partial z} + 2G\dfrac{\partial^2 \omega}{\partial z^2} + G\dfrac{\partial^2 \omega}{\partial x^2} + G\dfrac{\partial^2 u}{\partial x\partial z} + G\dfrac{\partial^2 \omega}{\partial y^2} + G\dfrac{\partial^2 v}{\partial z\partial y} + \dfrac{\partial(p\varphi)}{\partial z} + F_z = 0 \end{cases}$$

$$(5\text{-}37)$$

将式(5-37)进行合并同类项可得：

$$\begin{cases} \lambda\dfrac{\partial\varepsilon_v}{\partial x} + G\left(\dfrac{\partial^2 u}{\partial x^2} + \dfrac{\partial^2 u}{\partial y^2} + \dfrac{\partial^2 u}{\partial z^2}\right) + G\dfrac{\partial\left(\dfrac{\partial u}{\partial x} + \dfrac{\partial v}{\partial y} + \dfrac{\partial \omega}{\partial z}\right)}{\partial x} + \dfrac{\partial(p\varphi)}{\partial x} + F_x = 0 \\[5mm] \lambda\dfrac{\partial\varepsilon_v}{\partial y} + G\left(\dfrac{\partial^2 v}{\partial x^2} + \dfrac{\partial^2 v}{\partial y^2} + \dfrac{\partial^2 v}{\partial z^2}\right) + G\dfrac{\partial\left(\dfrac{\partial u}{\partial x} + \dfrac{\partial v}{\partial y} + \dfrac{\partial \omega}{\partial z}\right)}{\partial y} + \dfrac{\partial(p\varphi)}{\partial y} + F_y = 0 \\[5mm] \lambda\dfrac{\partial\varepsilon_v}{\partial z} + G\left(\dfrac{\partial^2 \omega}{\partial x^2} + \dfrac{\partial^2 \omega}{\partial y^2} + \dfrac{\partial^2 \omega}{\partial z^2}\right) + G\dfrac{\partial\left(\dfrac{\partial u}{\partial x} + \dfrac{\partial v}{\partial y} + \dfrac{\partial \omega}{\partial z}\right)}{\partial z} + \dfrac{\partial(p\varphi)}{\partial z} + F_z = 0 \end{cases}$$

$$(5\text{-}38)$$

由于体积应变等于各个方向上的应变之和,再引入 Laplace 运算符号,即式(5-39)和式(5-40)存在以下关系：

$$\varepsilon_v = \frac{\partial u}{\partial x} + \frac{\partial v}{\partial y} + \frac{\partial \omega}{\partial z} \tag{5-39}$$

$$\nabla^2 = \frac{\partial}{\partial x^2} + \frac{\partial}{\partial y^2} + \frac{\partial}{\partial z^2} \tag{5-40}$$

将式(5-39)、式(5-40)代入式(5-38),可得：

$$\begin{cases} (\lambda + G)\dfrac{\partial \varepsilon_v}{\partial x} + G\nabla^2 u + \dfrac{\partial(p\varphi)}{\partial x} + F_x = 0 \\[3mm] (\lambda + G)\dfrac{\partial \varepsilon_v}{\partial y} + G\nabla^2 v + \dfrac{\partial(p\varphi)}{\partial y} + F_y = 0 \\[3mm] (\lambda + G)\dfrac{\partial \varepsilon_v}{\partial z} + G\nabla^2 \omega + \dfrac{\partial(p\varphi)}{\partial z} + F_z = 0 \end{cases} \tag{5-41}$$

将式(5-34)代入上式,可得:

$$\begin{cases} \dfrac{E(1-D)}{2(1+\mu)(1-2\mu)}\dfrac{\partial \varepsilon_v}{\partial x} + \dfrac{E(1-D)}{2(1+\mu)}\nabla^2 u + \dfrac{\partial(p\varphi)}{\partial x} + F_x = 0 \\[3mm] \dfrac{E(1-D)}{2(1+\mu)(1-2\mu)}\dfrac{\partial \varepsilon_v}{\partial y} + \dfrac{E(1-D)}{2(1+\mu)}\nabla^2 v + \dfrac{\partial(p\varphi)}{\partial y} + F_y = 0 \\[3mm] \dfrac{E(1-D)}{2(1+\mu)(1-2\mu)}\dfrac{\partial \varepsilon_v}{\partial z} + \dfrac{E(1-D)}{2(1+\mu)}\nabla^2 \omega + \dfrac{\partial(p\varphi)}{\partial z} + F_z = 0 \end{cases} \tag{5-42}$$

将上式采用张量表示,可得:

$$\dfrac{E(1-D)}{2(1+\mu)(1-2\mu)}u_{j,ji} + \dfrac{E(1-D)}{2(1+\mu)}u_{i,jj} + (p\varphi)_{,i} + F_i = 0 \tag{5-43}$$

$$D = 1 - \left[1 - \log_s(p+1)/100\right](1 - c_1\omega - c_2 r^2)e^{-\frac{1}{k}\left(\frac{\varepsilon}{\varepsilon_{\max}}\right)^k}$$

式(5-43)即为动静载和瓦斯吸附耦合作用下的应力场方程。

5.4 煤体耦合渗流场方程

5.4.1 连续性方程

动静载作用下吸附瓦斯煤岩体内部系统中,其气体的状态方程、含量方程和运动方程依然采用式(5-1)～式(5-4)。除此之外,在气固耦合方程中,要实现气体的流动,还需要满足质量守恒定律,即在流动前后需要有流体质量源。流体质量源可表达为:

$$\frac{\partial Q}{\partial t} + \nabla(\rho_g v_g) = I \tag{5-44}$$

式中 I——汇源项的单位体积质量源。

式(5-44)即为煤体内瓦斯流动的连续性方程。

5.4.2 渗流场方程

将式(5-2)～式(5-4)代入式(5-44),得:

$$\frac{\partial\left(\rho_g\varphi + \dfrac{ABp}{1+Bp}\right)}{\partial t} - \nabla\left(\rho_g\frac{k}{\mu_g}\nabla p\right) = I \tag{5-45}$$

将式(5-1)代入式(5-45),得:

$$\frac{M_{\mathrm{g}}}{RT}\frac{\partial(p\varphi)}{\partial t} + \frac{AB}{(1+Bp)^2}\frac{\partial p}{\partial t} = \frac{M_{\mathrm{g}}}{RT}\frac{k}{\mu_{\mathrm{g}}}\nabla(p\nabla p) + I \qquad (5\text{-}46)$$

式(5-46)即为煤体渗流场方程,其中渗透率 k 和孔隙率 φ 均采用第 4 章的研究结果。

5.5　煤体损伤-渗流多场耦合动力学模型

联立动静载作用下吸附瓦斯煤岩的应力场方程和渗流场方程,可得到吸附瓦斯煤损伤-渗流多场耦合动力学模型:

$$\begin{cases} \dfrac{M_{\mathrm{g}}}{RT}\dfrac{\partial(p\varphi)}{\partial t} + \dfrac{AB}{(1+Bp)^2}\dfrac{\partial p}{\partial t} = \dfrac{M_{\mathrm{g}}}{RT}\dfrac{k}{\mu_{\mathrm{g}}}\nabla(p\nabla p) + I \\[2mm] \dfrac{E(1-D)}{2(1+\mu)(1-2\mu)}u_{j,ji} + \dfrac{E(1-D)}{2(1+\mu)}u_{i,jj} + (p\varphi)_{,i} + F_i = 0 \\[2mm] D = 1 - [1-\log_s(p+1)/100](1-c_1\omega-c_2 r^2)\mathrm{e}^{-\frac{1}{k}\left(\frac{\varepsilon}{\varepsilon_{\max}}\right)^k} \\[2mm] \varphi = \varphi_0 + \dfrac{3}{1-D}\Big\{\zeta\Big(\dfrac{1}{E_{\mathrm{s}0}} - \dfrac{1}{E_{\mathrm{m}0}}\Big)[(1-2\mu)\Delta\sigma + (2\mu-1)\alpha\Delta p] + \\[2mm] \qquad \xi\dfrac{4RTAC\rho_{\mathrm{m}}}{9V_{\mathrm{m}}E_{\mathrm{m}0}}\ln\dfrac{(1+Bp_0)}{(1+Bp)}\Big\} \\[2mm] k = k_0\Big\{1 + \dfrac{3}{(1-D)\varphi_0}\Big\{\zeta\Big(\dfrac{1}{E_{\mathrm{s}0}} - \dfrac{1}{E_{\mathrm{m}0}}\Big)[(1-2\mu)\Delta\sigma + (2\mu-1)\alpha\Delta p] + \\[2mm] \qquad \xi\dfrac{4RTAC\rho_{\mathrm{m}}}{9V_{\mathrm{m}}E_{\mathrm{m}0}}\ln\dfrac{(1+Bp_0)}{(1+Bp)}\Big\}\Big\}^3 \end{cases} \qquad (5\text{-}47)$$

在上述模型中,充分考虑了瓦斯的吸附作用和动静载的耦合损伤,并重新定义了渗透率方程和损伤演化方程,该模型可以更精确地定量描述动静载作用下吸附瓦斯煤岩体的损伤渗流机理。

5.6　本章小结

本章在前几章试验结论的基础上,综合考虑动静载和瓦斯吸附的耦合作用,推导建立了吸附瓦斯煤损伤-渗流多场耦合动力学模型,所得的主要结论如下:

(1) 结合唯象的统计损伤力学理论,综合考虑动载损伤破裂作用、静载变形破坏作用和吸附瓦斯损伤劣化作用,基于应变等价原理,推导建立了适用于动静多场环境吸附瓦斯煤的损伤演化方程,给出了动载损伤因子、静载损伤因子以及吸附损伤因子的具体确定方法,并结合试验结果验证了损伤因子确定的准确性。

(2) 通过在平衡方程中引入有效应力原理,将瓦斯吸附作用考虑在内;结合损伤演化方程,推导完成了吸附瓦斯煤耦合应力场方程,该方程综合考虑了动静载和瓦斯吸附对煤体弹性模量的弱化作用。此外,煤体耦合渗流场方程中充分考虑了动静载和瓦斯吸附造成的煤岩体单元割理变形。

(3) 建立的吸附瓦斯煤损伤-渗流多场耦合动力学模型阐释了煤体应力场、瓦斯渗流场和损伤场之间的相互耦合关系,并充分考虑了轴向静载、循环动载冲击和瓦斯吸附等影响因素。

第 6 章　工程尺度物理模拟试验及数值模拟验证

6.1　引言

　　室内小尺度试件的试验可以精确控制变量和其他影响因素,从而定量研究煤岩体各种性质的演化规律,为理论模型的建立和推导提供基础。但是煤与瓦斯突出、冲击地压等深地工程动力灾害是在人们开采扰动的诱导下发生的,更是大尺度条件下煤岩体结构的动力演化结果,仅依托室内试验的手段得出的结果和结论还缺乏说服力。而且现有的物理模拟模型试验由于气固耦合的恶劣环境,其信息感知获取依然是困扰学者的一大难题。且现有煤与瓦斯突出模型试验多为石门揭煤致突,难以模拟巷道掘进过程。因此,本章基于典型工程煤与瓦斯突出案例,创新研发了适用于高气压环境的数据采集系统及内部传感器密封保护方法,以大型物理模型试验的手段,成功开展了全过程相似的充气保压条件下巷道掘进诱发煤与瓦斯突出物理模拟试验,获取了煤与瓦斯突出全过程中的多物理量信息演化规律。此外,以本次试验作为算例,基于第 5 章推导建立的数学模型,利用 COMSOL 数值模拟软件开展数值模拟试验,验证模型的准确性和科学性。

6.2　适用于高气压环境的数据采集系统及其密封保护方法

　　煤与瓦斯突出是典型的气固耦合问题,物理模拟试验是可靠的研究手段,但是现有监测手段和系统制约着其进一步发展[216-217]。恶劣的地质环境导致的传感器存活率低、引线和气体密封的矛盾,都是急需突破的技术难题[218-219]。

6.2.1　现状分析

　　模型试验中的探测技术及其传感系统关乎试验结果的有效性和准确性,现有模型试验中关键位置内部信息的获取多采用电阻式传感器,如胡耀青等[220-231]采用土压力盒获取了模型中关键位置的应力信息,进而得到了巷道开挖后顶底板的应力演化规律,为研究顶板支护等提供了基础;李树刚等[222-223]采用电阻式压力盒测应力,探究了煤层开采过程中采动应力分布和覆岩破坏规律;Zhang 等[224]使用土压力箱测量了煤矸石充填材料的应力,分析了覆盖层裂缝的演化规律,并讨论了回填开采对减缓覆盖层沉降的影响。此外,Tykhan 等[225]提出了一种新型压阻式压力传感器,可适用于温度快速变化的环境;Boura 等[226]提出了一种基于压阻纳米晶金刚石层的无线供电高温应变测量探头。由土压力盒得到的测试结果的准确性受其尺寸大、测试点少、刚度过大等因素影响较大。此外,此类传感器置于模型中还会引起原始应力场的重新分布。

区别于土压力盒,光纤光栅传感器凭借其传播速度快、结构精巧等优势,也逐步应用于岩土工程领域[227-233]。Chang 等[234]开展了多组试验,找到了光纤光栅压力传感器的最优布置方式,为其应用于模型试验打下了一定的基础;Zhou 等[235]研发了一种可以温度自补偿的压力传感器,克服了传感器对于温度过于敏感的缺点;Correia 等[236]研发的光纤光栅压力传感器具有高精度的特点,并初步应用在了小型模型试验中;胡志新等[237]研发了一种量程大的光纤光栅压力传感器,其以一种特殊材料作为传感器的敏感元件;Li 等[238]研发了一种新型传感器,并将其应用于现场应力的测量,取得了良好的效果;Hong 等[239]开发了一种基于光纤布拉格光栅的小型土壤变形测量系统,用于地下位移监测;Xu 等[240]构建了一种软光纤布拉格光栅应变传感器,该传感器具有精度高、体积小的优点,可用于监测边坡模型的地下变形;Piao 等[241]使用光纤光栅传感器研究了煤层回填开采过程中覆盖层的变形特征,并分析了填充材料与覆盖层沉降之间的相关性。但是,由于光纤光栅传感器元件精密、脆弱,无法应用于高压气固耦合模型试验。

除了传感器的选择外,信号线的密封性能和传感器转换器的保护性能也是数据采集和高压气固耦合模型试验成功率的关键参数。前人对此的研究很少,具有代表性的研究成果如下。Cao 等[242]创建了一个密封子系统,并构建了密封盒,其厚度为 30~35 cm,带有两个 O 型密封圈和用于紧固密封件的高强度螺栓;Nie 等[2]采用密封垫片配合螺栓进行传感器引线的密封,用于瞬间揭煤引发的突出模拟试验。这些研究的重点均集中在信号线的密封上,而忽略了对传感器转换器的保护,且高压气固耦合条件下巷道掘进诱发的煤与瓦斯突出模拟试验未见报道。

现有应力传感器响应频率低,全桥压力盒最大只有几百赫兹,不能满足突出应力瞬间变化采集需要,且由于其体积、刚度、成活率以及耐压性等方面,很难应用于高压气固耦合模型试验中,且无法满足引线密封要求。对于高压充填条件下的物理模型试验,引线密封质量将直接影响试验的成败。基于此,本书提出了一种薄膜应力测试系统及其引线密封技术。本章首先介绍了薄膜压力传感器的测试原理和功能特点,然后介绍了信号转换模块的工作原理,并自主研发了其高压环境引线密封技术,最后将其用于大型煤与瓦斯突出气固耦合模型试验中检验其可行性。

6.2.2　测试系统构成和传感器功能特点

　　本测试系统主要由薄膜传感器、信号转换模块和信号采集箱构成,以下分别介绍。

6.2.2.1　薄膜传感器

　　本薄膜压力传感器由两片很薄的聚酯薄膜组成。两片薄膜内铺设多晶硅电阻材料,当材料受到压力作用时,因材料的压阻效应其电阻率发生变化,通过配备的信号转换模块的测量电路就可得到正比于力变化的电信号输出。本书中的压力传感器具有以下特点:① 薄,厚度仅为 0.1 mm;② 柔性好,可弯曲,且挠度较大,可紧贴在弯曲的表面,适应性更强;③ 传感器布线少且细,可减少对周围岩土体的扰动。传感器实物及尺寸如图 6-1 所示。

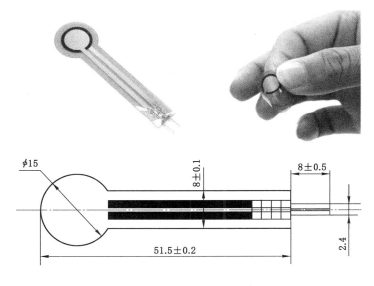

图 6-1　薄膜传感器实物及尺寸图(单位:mm)

6.2.2.2　信号转换模块

　　普通压阻式传感器多利用压敏材料本身组成惠斯通电桥,将电阻变化信号转换成易于采集的电压信号。但此类传感器由于内部设有精密的电路,无法直接应用于高压气固耦合环境中。为了解决这一技术难题,本书中采用的薄膜压力传感器配备专用的电阻-电压转换模块,此模块和传感器相互独立,之间采用特殊端子连接,从而将传感器的电阻变化转为可采集的电压变化。为达到其在高压气固耦合环境中正常工作的要求,此转换模块采用特制的密封方式进行密封,具体在下文详细介绍。

电阻-电压转换模块主要由直流稳压电源(VCC)、滤波电容、数个定值电阻和模数转换芯片组成。通过如图 6-2 所示的电路设计以及分压原理,可得薄膜应力传感器阻值与定值电阻两端电压之间的换算关系,进而得到传感器所受压力值。

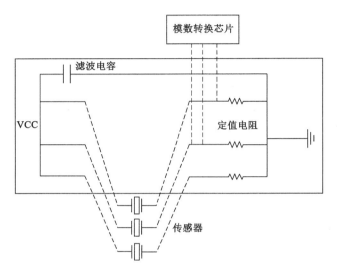

图 6-2　信号转换模块原理图

6.2.2.3　信号采集箱

自主研发的用于模型试验的信号采集箱及配套采集软件可同时与气压、温度、应力等传感器连接,可实时采集试验过程中的瞬态多元信息,如图 6-3 所示。

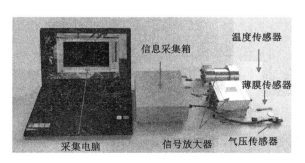

图 6-3　信号采集箱实物图

6.2.3　引线密封保护技术

整个系统的密封保护技术包括传感器的埋设及引出煤层的密封、信号放大器的密封与保护、信号线引出反力装置的密封。整体连接方式和细节展示如图 6-4 和图 6-5 所示。

6.2.3.1　传感器引线引出煤层的密封技术

气固耦合试验中,将传感器引线引出煤层并保证密封效果是试验成功的关键。本书采用如下技术措施:传感器引线采用光滑无外包装的漆包线,将其穿过图 6-4 和图 6-5 中 L 型密封套管,并灌入环氧树脂密封胶进行密封。L 型密封套管的密封效果要远远大于直线型套筒。填充煤层时,将传感器埋设在既定位置,L 型引线密封套管一端埋入煤层内,进而用丁基橡胶包裹煤层和 L 型引线密封套管,在 L 型引线密封套管与丁基橡胶接触部分加厚并做软化处理,以保证密封效果,丁基橡胶外侧填充岩石相似材料。传感器引线另一端与信号放大器保护装置连接。

6.2.3.2　信号放大器的密封与保护

气固耦合模型试验的高压气体环境会造成传感器中的电子元件损毁。为了解决此问题,自主研发了耐高压密封保护装置,将转换模块与高压试验环境隔离开来。具体密封原理是:将转换模块置于密封装置内部,两端与航空插头接线连接,通过航空插头的公母对接实现传感器、转换模块以及采集装置之间的连接。此处需要解决的关键问题是密封装置两端盖与装置主体之间的密封以及航空插头螺纹处的密封。为了解决此问题,端盖与装置主体之间采用 O 型圈和螺栓进行紧固与密封,航空插头与端盖之间灌入环氧树脂密封胶进行密封。通过此密封方式,既实现了转换模块的保护与密封,又方便了试验数据的采集,具体如图 6-4 和图 6-5 中所示。

6.2.3.3　信号线引出反力装置的密封

为了解决引线引出模型的密封问题,设计了如图 6-4 中所示的 L 型管。将传感器引线穿过 L 型管,并灌入环氧树脂密封胶进行密封。L 型套管既方便密封胶的灌入,又保证了密封胶凝固后的密封效果。试验时,将 L 型密封套管通过法兰安装在反力架上,法兰和反力架之间采用 O 型圈密封。传感器引线的一端进入反力架内部与信号放大器密封盒相连,另一端在反力架外部与信息采集系统连接。

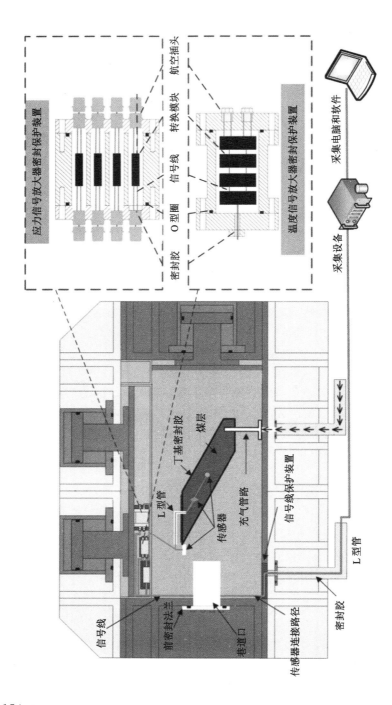

图 6-4 密封保护技术整体连接原理

（a）应力放大器密封保护盒　　　（b）温度放大器密封保护盒

（c）仪器内部信号线路径　　　　（d）仪器外部信号线路径

图 6-5　高压密封保护技术细节展示

6.3　全过程相似煤与瓦斯突出物理模拟试验

6.3.1　试验原型及参数

本次模拟试验以淮南新庄孜矿突出事故为背景，该事故瓦斯突出量大，且是巷道掘进诱发煤与瓦斯突出。该事故发生时，掘进工作面距离煤层底板法向为 22 m，具体事故概况如图 6-6 所示。

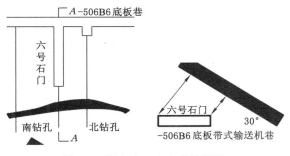

图 6-6　新庄孜矿突出事故概况

试验原型中存在煤层厚度不均、煤层倾角不一致等问题，为方便模型制作，简化为倾角 30°、厚度为 4 m 的煤层。

为了保证真实的应力边界条件，常规的地下工程物理模拟试验模型尺寸主要依靠巷道洞径来确定，模型边界常取巷道洞径的 3～5 倍，最终定为长度方向36 m，宽度和高度均为 18 m 的范围，如图 6-7 所示。

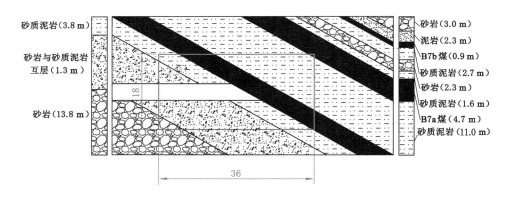

图 6-7　试验模拟范围地质柱状图

依据国家标准完成了突出地点的原煤的突出倾向性参数测定。采用水压致裂法完成新庄孜矿－612 m 岩层附近现场地应力测试，通过现场取样，完成了围岩、煤岩物理力学性质和突出倾向性指标测定。经现场测试、室内试验测试分析，全面掌握了试验原型概况并获取了试验原型各相关参数，具体如表 6-1所示。

表 6-1　试验原型参数

垂直应力 /MPa	最大水平应力/MPa	最小水平应力/MPa	煤层厚度 /m	煤层倾角 /(°)	突出煤量 /t	涌出瓦斯 /m³	巷道洞径 /m	瓦斯压力 /MPa
11.6	12.76	6.87	4	30	650	12 000	4	1.5

6.3.2　试验仪器

本次物理模拟面临高压气源模拟、三轴加载模拟、石门掘进揭煤模拟以及多元信息获取等挑战，需要专门的试验仪器来完成，因此本次试验采用课题组原创研发的中尺度突出模拟装置。该装置包括图 6-8 中所示的五大关键单元，分别克服了上述模拟难题。

(a) 实物图

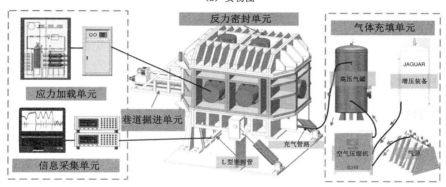

(b) 结构图

图 6-8　中尺度掘进突出模拟装置

6.3.3　相似比尺确定

6.3.3.1　含瓦斯煤相似比尺

　　首先根据模拟范围确定试验的几何相似比尺 $C_L = L_P/L_M = 30$,模拟试验容重比尺 $C_\gamma = 1$,根据相似准则推导完成含瓦斯煤相似比尺为:地应力相似比尺 $C_\sigma = 30$;瓦斯压力相似比尺 $C_p = 1$;几何相似比尺 $C_L = 30$;容重相似比尺 $C_\gamma = 1$;强度相似比尺 $C_{fc} = 30$;孔隙率相似比尺 $C_n = 1$;弹性模量相似比尺 $C_E = 30^2$;黏聚力相似比尺 $C_C = 30$;内摩擦角相似比尺 $C_\varphi = 1$;泊松比相似比尺 $C_\mu = 1$;吸附性相似比尺 $C_\eta = 1$。

6.3.3.2　围岩相似比尺

　　由于岩体对瓦斯不具有吸附性,气固耦合状态下的围岩破坏问题类似于流固耦合状态下的岩体破坏问题。借鉴文献[220]推导的三维固流耦合作用下的相似模拟准则,确定围岩相似比尺为:几何相似比尺 $C_L=30$;泊松比相似比尺 $C_\mu=1$;应变相似比尺 $C_\varepsilon=1$;位移相似比尺 $C_u=30$;流体渗透率相似比尺 $C_K=5.5$;应力相似比尺 $C_\sigma=30$。

6.3.4 传感器布设方案

本次模拟试验主要监测了煤层内部气压场、应力场、温度场以及岩层气压场、应力场和气体浓度场,而本书具体关注煤层内部气压场和应力场,相关的传感器布设位置和具体布设如图 6-9 所示。

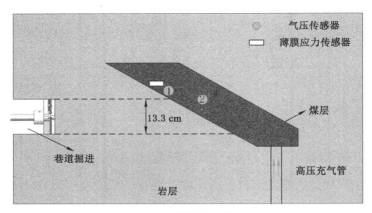

(a) 传感器布设位置

气压传感器   薄膜应力传感器   传感器引出煤层

(b) 传感器具体埋设

图 6-9 传感器埋设具体实物图

6.3.5 试验过程

试验经过模型制作、传感器埋设、仪器各单元调试、地应力加载、煤层中气体充填及保压、巷道掘进、多物理场信息采集等过程,主要步骤如图 6-10 所示。其中掘进速度根据现场产生的扰动荷载的振幅和频率调整,最后确定为 0.1 cm/s。

图 6-10　模型试验关键流程

6.3.6　试验结果

当掘进面推进了 52 cm，刀头掘进至距离煤层垂直距离 1.5 cm 时发生突出（对应现场水平距离 90 cm，法向距离 45 cm），突出时大量煤粉抛出，突出口和现场高度相似，如图 6-11 所示。

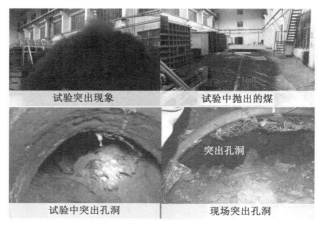

图 6-11　突出试验现象

6.3.6.1　地应力变化规律

　　试验中获得了掘进过程中煤层内部相应位置的应力变化情况,如图 6-12 所示。由图可见,随着掘进工作面的推进,该位置的应力变化曲线存在原岩应力区和集中应力区。在工作面推进到 35 cm 之前,该处应力基本保持不变,处于原岩应力区;随着工作面的进一步推进,该处煤层下部失去支撑力,从而产生应力集中,进入集中应力区。文献[243]～[245]认为,随着工作面的推进,其右前方岩体会出现应力集中的现象。本试验中,岩体先后处于原岩应力区、集中应力区,与理论分析一致。

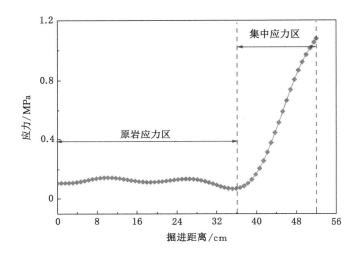

图 6-12　煤层关键位置应力演化曲线

6.3.6.2　气压变化规律

　　掘进开挖过程和突出发生前后煤层内的气压演化规律如图 6-13 所示,其中 2 号传感器靠近突出口,1 号传感器远离突出口。在突出发生前,两个传感器监测到的气压均稳定在 1 070 kPa 左右,只因正常渗流过程有很小程度的下降。当突出发生时,两个气压传感器监测到的气压骤降,在 2 s 内下降至大气压力。此外,从图 6-13 的局部放大图可以看出,靠近突出口的 2 号传感器比远离突出口的 1 号传感器更早地下降并提前下降至大气压力,该现象和现场中煤与瓦斯突出现象吻合。

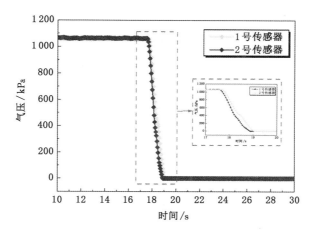

图 6-13　煤层气压在突出前后的变化趋势

6.4　数值模拟验证

6.4.1　数值模型建立

本书建立的吸附瓦斯煤损伤-渗流多场耦合动力学模型中涉及的煤体耦合应力场方程及渗流场方程均为能够相互调用变量的偏微分方程。现有数值模拟软件中,COMSOL Multiphysics 凭借其处理多场耦合问题的优势备受广大学者青睐。本书模型中涉及的瓦斯渗流场、耦合应力场可以通过该软件中的 PDE 模块和固体力学模块来实现。

本次模拟的目的是要验证本书模型的准确性,因此在和试验结果对比的前提下,还引用传统模型进行对比,具体方法为,分别采用本书中建立的模型和传统模型模拟 6.3 节中的煤与瓦斯突出试验,对比模拟结果和试验规律。当不考虑动载作用、瓦斯吸附劣化作用等时,即为传统的气固耦合数学模型[246],如下式所示:

$$
\begin{cases}
\dfrac{M_g}{RT}\dfrac{\partial(p\varphi)}{\partial t}+\dfrac{AB}{(1+Bp)^2}\dfrac{\partial p}{\partial t}=\dfrac{M_g}{RT}\dfrac{k}{\mu_g}\nabla(p\nabla p)+I \\[2mm]
\dfrac{E_0(1-D)}{2(1+\mu)(1-2\mu)}u_{j,ji}+\dfrac{E_0(1-D)}{2(1+\mu)}u_{i,jj}+(p\varphi)_{,i}+F_i=0 \\[2mm]
D=1-\mathrm{e}^{-\frac{1}{k}\left(\frac{\varepsilon}{\varepsilon_{\max}}\right)^k} \\[2mm]
\varphi=\dfrac{\varphi_0+\varepsilon_v}{1+\varepsilon_v} \\[2mm]
k=\dfrac{k_0}{1+\varepsilon_v}\left(\dfrac{\varphi_0+\varphi_v}{\varphi_0}\right)^3
\end{cases}
\tag{6-1}
$$

6.4.1.1 模型导入

本书中的数学模型多为偏微分方程,因此采用软件中的一般系数偏微分方程的形式导入,根据模型的特点修改相应的计算参数。需要注意的是,输入的所有参数和变量的单位均要采用软件中统一的单位,否则会导致大量的计算错误。具体的导入参数步骤如图 6-14 所示。

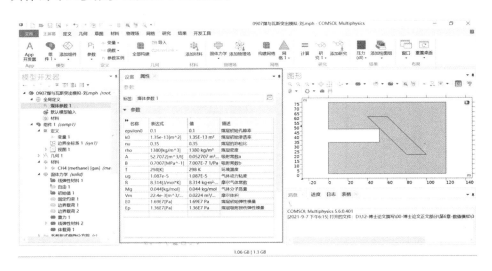

图 6-14 数学模型参数导入

6.4.1.2 几何模型建立

以物理模拟试验中试验模型为基准,煤体和岩体几何尺寸和边界条件与物理模拟试验中完全一致,模型设计图和网格划分如图 6-15 所示。

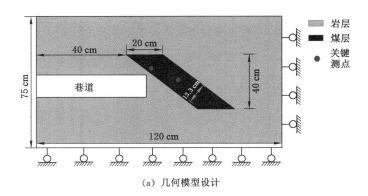

(a) 几何模型设计

图 6-15 模型设计图和网格划分

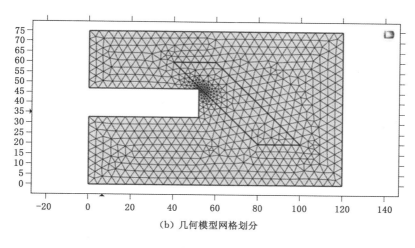

(b) 几何模型网格划分

图 6-15　(续)

6.4.1.3　模型计算条件

(1) 渗流场边界条件：由于本次模拟中涉及两种材质和渗透率不同的介质，在两种介质的交接面需要设置合理的渗流边界。本次模拟中的瓦斯首先充斥整个煤层，后缓慢渗流到岩层，因此煤层中的瓦斯压力设置为 1.1 MPa，煤层的边界上同样设置 1.1 MPa，岩层内设置为大气压力。

(2) 应力场边界条件：模型底部和右侧设置为固定边界，只提供反力；左侧设置为初始应力为 0.26 MPa 的均布荷载；上部设置为初始应力为 0.39 MPa 的均布荷载。此外，工作面边界施加频率为 5 Hz、振幅为 0.2 MPa 的正弦波动载（根据模型试验中掘进产生的扰动确定），用来模拟煤与瓦斯突出发生前复杂采场环境下产生的应力扰动。巷道开挖后的空区域边界为自由边界。

6.4.1.4　主要物性参数

模型主要物性参数均取自物理模拟试验突出算例，力学参数和物理参数均由室内试验测得。本书模型中涉及煤体渗流的参数（ζ、ξ、C）、涉及煤体损伤的参数（s、c_1、c_2、c_3、ω、r、k、ε_{max}）均基于第 3、4 章的试验数据获取，汇总如表 6-2 所示。

表 6-2　模型主要物性参数

物性参数	数值
Biot 系数 α	0.5
岩层初始渗透率 k_1	2.21×10^{-17} m^2

表 6-2(续)

物性参数	数值
岩层初始孔隙率 φ_1	0.1
岩层弹性模量 E_1	600 MPa
岩层泊松比 μ_1	0.21
岩层密度 ρ_1	2 250 kg/m³
煤层初始渗透率 k_0	1.35×10^{-13} m²
煤层初始孔隙率 φ_0	0.1
煤的泊松比 μ	0.35
煤体初始弹性模量 E_0	16.9 MPa
煤体吸附损伤弹性模量 E_p	13.6 MPa
煤体密度 ρ_m	1 380 kg/m³
煤体吸附常数 A	52.707 2 m³/t
煤体吸附常数 B	0.700 7 MPa⁻¹
温度环境 T	298 K
气体动黏性系数 μ_g	1.087×10^{-5} Pa·s
摩尔气体常数 R	8.314 J/(mol·K)
气体分子量 M_g	0.044 kg/mol
摩尔容积 V_m	22.4×10^{-3} m³/mol
渗流相关参数	$\zeta = 6.018, \xi = 0.003\ 3, C = 0.8$ t/m³
损伤相关参数	$s = 1.022$； $c_1 = 0.085$； $c_2 = 0.058$； $c_3 = 0.267$； $\omega = 5$ Hz； $r = 0.2$ MPa； $k = 1.044$； $\varepsilon_{max} = 0.025\ 6$

6.4.2 数值计算结果及分析

本次模拟分为两个部分。第一部分是突出发生前的巷道掘进过程中煤岩体关键位置应力、渗透率和损伤因子的演化,此部分为稳态求解;第二部分是突出发生时煤岩体关键位置瓦斯场的演化,此部分为瞬态求解。由于动力灾害的发生持续时间很短,根据实际中灾害发生的时间确定了第二部分瞬态求解的数值模拟时间为 10 s。

为了得到掘进过程中和突出发生前煤体的应力、渗透率和损伤规律,选取对应物理模拟试验中突出位置的关键点 A 和远离突出位置的煤层内关键点 B 进行分析,具体位置如图 6-16 所示。

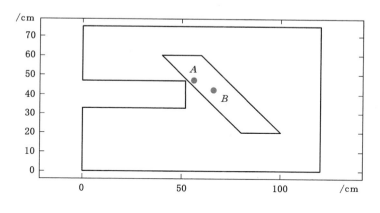

图 6-16　煤层内监测位置

6.4.2.1　掘进过程中关键点应力、渗透率和损伤因子演化规律

掘进过程中整个模型的应力分布云图如图 6-17 所示,图中选取掘进距离分别为 5 cm、20 cm、35 cm 和 52 cm 等 4 个代表性位置进行展示(注:PDE 模块中,拉应力为正,压应力为负)。从图中可以看出,在工作面远离煤层的时候,煤层中关键位置处的应力基本无变化;而当工作面临近煤层的时候,由于工作面后方的岩体消失,加上上覆岩层的重力作用,会在工作面右上方的煤层中产生应力集中,此规律和试验结果相符。

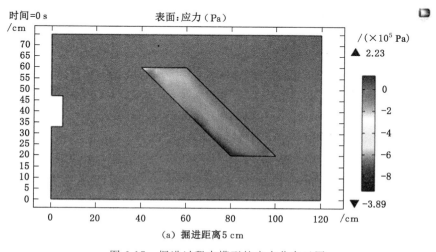

(a) 掘进距离5 cm

图 6-17　掘进过程中模型的应力分布云图

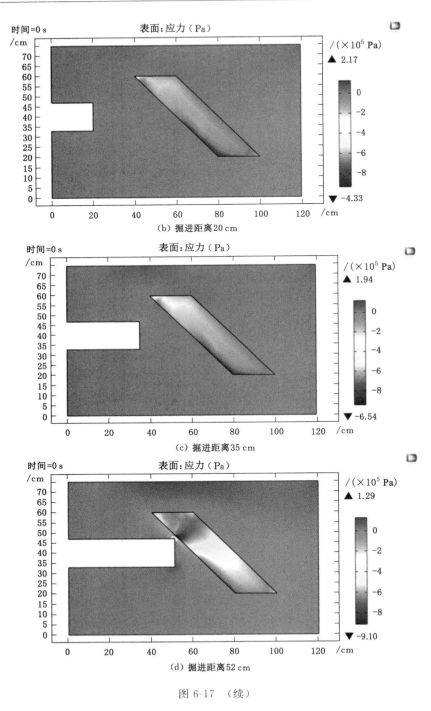

（b）掘进距离20 cm

（c）掘进距离35 cm

（d）掘进距离52 cm

图 6-17　（续）

同时,还导出了 A 点的应力变化曲线:掘进距离在 35 cm 之前时,A 点的应力变化较小,而当工作面推进到煤层下方时,A 点进入集中应力区,应力迅速增大。数值模拟结果和试验中 A 点应力传感器测得的结果进行对比,趋势基本一致,具体如图 6-18 所示,由此证明了数学模型在应力场方面的准确性。

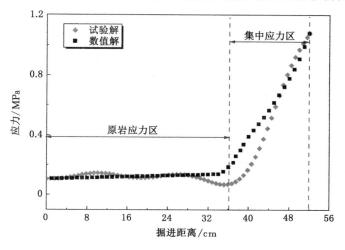

图 6-18　应力演化的试验解和数值解对比

掘进过程中,A 点的损伤因子演化曲线和掘进至 52 cm 处时的整个模型损伤分布云图如图 6-19 和图 6-20 所示。从图中可以看出,随着工作面的推进,传统模型和本书模型计算的 A 点处的损伤因子均呈现增大趋势,但是由于传统模

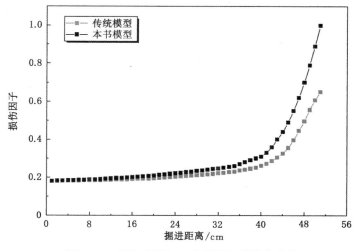

图 6-19　掘进过程中 A 点损伤因子演化曲线

型没有考虑动静载和瓦斯吸附的耦合作用,只考虑了应变效应,所以在工作面推进至预期突出点时,损伤因子才达到 0.6 左右,工作面附近煤层并未发生损伤破坏,和实际情况不符,而本书模型计算出的损伤因子的取值则达到了 1.0,煤层发生破坏,和实际情况吻合。

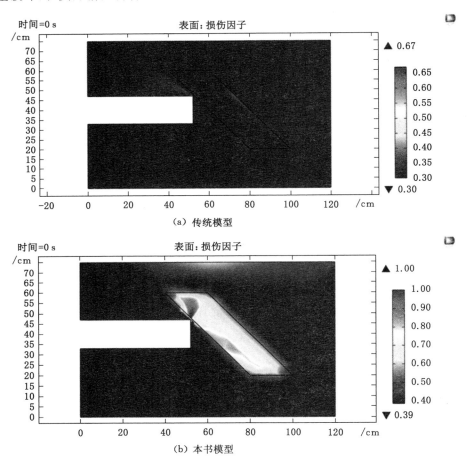

图 6-20　掘进至 52 cm 处时模型损伤分布云图

掘进过程中整个模型的瓦斯分布云图如图 6-21 所示,图中选取掘进距离分别为 5 cm、20 cm、35 cm 和 52 cm 等 4 个代表性位置进行展示。从图中可以看出,在工作面远离煤层的时候,煤层中关键位置处的瓦斯基本无渗流异常;而当工作面临近煤层的时候,随着工作面右前方煤体的应力集中和损伤加剧,其渗透率增大,导致煤层内瓦斯往此处加速渗流。

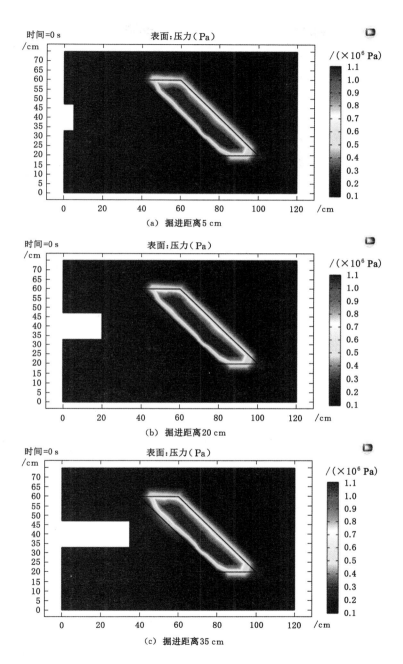

图 6-21　掘进过程中模型的瓦斯分布云图

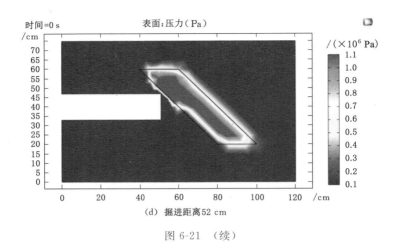

(d) 掘进距离52 cm

图 6-21 （续）

　　此外,掘进过程中,传统模型和本书模型中 A 点的渗透率演化曲线如图 6-22 所示。从图中对比可以看出,传统模型由于未考虑动载和瓦斯吸附的耦合作用,其渗透率并没有出现突变的现象,和实际结果有明显差异,而本书模型由于考虑了动载和瓦斯吸附的耦合作用,在工作面推进到 35 cm 左右时,A 点渗透率开始快速增大,和试验结果更为接近。

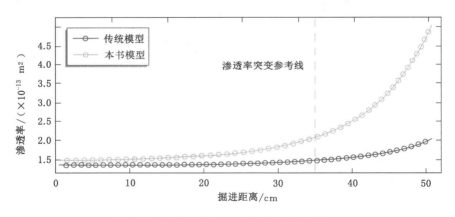

图 6-22　掘进过程中 A 点渗透率演化曲线

6.4.2.2　突出发生时关键点瓦斯场演化规律

　　当巷道掘进至 52 cm 时,工作面前方煤岩体损伤破坏,发生突出现象,模型的瓦斯分布云图如图 6-23 所示。由图可见,随着工作面右上方煤体的损伤加剧,此处煤体渗透率迅速增大,造成瓦斯往突出发生位置迅速渗流的现象。此外,由于岩层的渗透率较小,故越流进入岩层的瓦斯气体较少。

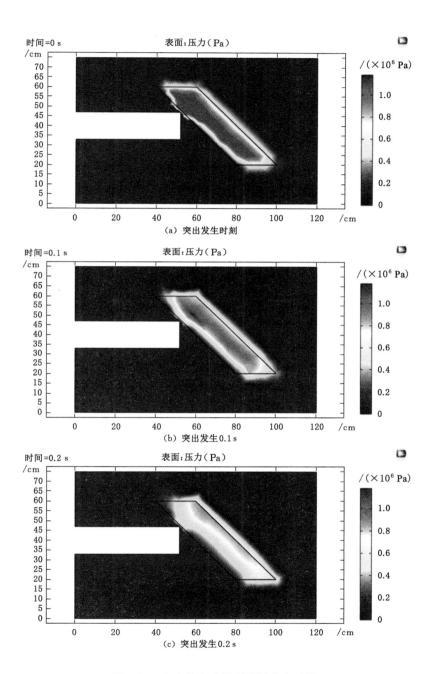

图 6-23　突出发生后模型瓦斯分布云图

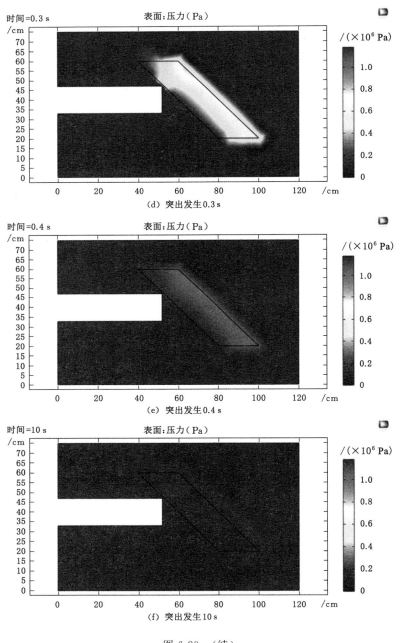

（d）突出发生0.3 s

（e）突出发生0.4 s

（f）突出发生10 s

图 6-23 （续）

数值模拟和模型试验中煤层内瓦斯压力对比曲线如图 6-24 所示。由图可见,数值模拟和模型试验中相应点的气压变化趋势基本一致,也得到了靠近突出口的压力先降低且率先降低到大气压力的规律。同时,瓦斯突出渗流的时间也和实际模型试验中的时间相差无几,再次证明了本书模型的可靠性。

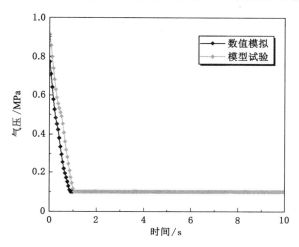

图 6-24　数值模拟和模型试验中煤层内瓦斯压力对比曲线

6.5　本章小结

（1）创新研发了适用于高气压环境的数据采集系统及内部传感器密封保护方法,并基于典型工程煤与瓦斯突出案例,以大型物理模型试验的手段,成功开展了全过程相似的充气保压条件下巷道掘进诱发煤与瓦斯突出物理模拟试验,试验现象和现场相似,并获取了整个突出过程中的多元信息演化规律,试验结果和现场以及理论具有良好的一致性。

（2）以本次试验作为算例,基于第 5 章推导建立的数学模型,利用 COMSOL 数值模拟软件开展数值模拟试验,对比了本书模型和传统模型的模拟结果。模拟结果显示,与传统模型不同,本书模型成功模拟了巷道掘进诱发煤与瓦斯突出,获取了掘进开挖过程中煤层应力场、渗流场、瓦斯场和损伤场的演化规律,所得结果和物理模拟试验结果基本吻合,验证了本书模型的准确性和科学性。

（3）损伤渗流多场耦合动力学模型在掘进致突模拟中的结果证明了本书提出的损伤渗流机理的正确性,即掘进动载扰动诱发的突出灾害实际上是动静载损伤效应、瓦斯吸附劣化效应耦合演化的结果。

第7章 结论与展望

7.1 结论

本书聚焦深部工程煤岩动力灾害发生机理这一科学前沿问题,从进行该类研究面临的仪器系统空白入手,进而开展动静载和瓦斯吸附耦合作用下煤岩体损伤劣化和渗透特性研究,着重探讨三轴加载下吸附瓦斯煤体振动破坏过程中介质表现出的力学响应特征和损伤渗流演化规律,建立了考虑动载诱发和瓦斯吸附劣化作用的煤体损伤-渗流多场耦合动力学模型,突破了动静叠加荷载作用下的工程尺度煤与瓦斯突出的物理模拟和数值模拟难题,揭示了煤与瓦斯突出等动力灾害的致灾机理,主要结论如下:

(1)基于现有仪器系统的不足,综合考虑深地工程煤岩体动力灾害的复杂孕灾环境和动静组合应力条件,采用模块单元化的设计思路,研发了可以实现动静耦合加载的吸附瓦斯煤力学与渗透试验仪器。该系统主要包括动静加载单元、三轴围压单元、流体注入单元以及信息采集单元。该试验系统的先进性和创新性主要包括动静多场耦合加载、充气加载过程中渗流室高密封性、可精确研究含瓦斯煤在整个受力变形过程中的渗透特性、实现了环向位移与轴向位移的同步精准测量、实现了试件的快速更换,提高了试验效率与精度。利用该仪器进行了动静组合加载条件下煤岩力学与声发射参数测试试验,以及含瓦斯煤变形破坏全过程中的渗透率测定试验,试验结果验证了各单元和关键技术的可行性,以及整个系统的有效性和精确度。

(2)开展了动静耦合加载条件下吸附瓦斯煤岩力学特性损伤劣化试验,研究了循环动载频率/振幅、静载应力阶段、吸附气体压力对煤体宏观损伤特征参数如抗压强度、弹性模量的影响规律,具体结果显示:① 循环动载、静载应力阶段和气体吸附会对吸附瓦斯煤的宏观力学参数造成损伤劣化,循环动载频率/振幅、静载应力阶段和气体压力越大,煤体强度和弹性模量的损伤越大,最大损伤劣化率可达 30%~40%。② 在循环动载的施加阶段,煤体会产生一定程度的不可逆变形,且动载频率/振幅、静载阶段以及吸附气体压力越大,此不可逆变形也就越大。③ 煤样三轴压缩过程中声发射与应力-应变曲线呈现明显的耦合效应,声发射活动可分为平静期、缓增期、动载稳增期、突增期和稳定期五个阶段。随着动载频率/振幅、静载应力阶段和气体吸附性的增大,首次声发射事件对应煤样应变值增大,振铃计数与能量峰值均出现在峰值强度并逐渐减小,累计振铃计数和累计能量逐渐增大。④ 动静载作用下的煤岩体强度劣化主要是动静载和煤中的裂隙相互作用的过程。静载作用为改变裂隙数量和尖端能量,动载在此基础上促使裂隙扩展最终导致煤体失去承载力。

　　(3) 开展了动静载和瓦斯吸附耦合作用下煤体渗流试验,主要结果表明:① 动载频率和振幅、静载应力阶段(压密-弹性-屈服)越大,煤体在动载循环过程中产生的损伤越大,孔裂隙发育越剧烈,煤体渗透率越大,渗透率最大增幅可达 47%;随着气体吸附性的增强,煤体渗透率逐渐降低。② 得到了不同循环动载振幅下煤岩体全应力-应变与渗透率关系曲线,煤样应力、轴向应变与渗透率之间呈现较好的耦合对应关系,且整体呈现出经典的"V"形变化趋势,且在动载循环阶段,渗透率和应力应变呈现同频共振的现象。动载作用后,煤体破坏时渗透率突增,最大可达初始渗透率的 4~5 倍。③ 进行了渗透率对动静载和瓦斯吸附的敏感性分析,定义了渗透率变化率和渗透率动载敏感性系数两个评价参数。通过渗透率变化率可得,煤体渗透率对循环动载的敏感性较强,且静载应力阶段越大越敏感,吸附量越大敏感性越低。渗透率动载敏感性系数呈现出了和渗透率变化率相似的规律,煤体渗透率对动载频率有着较强的敏感性,且敏感性随着吸附性气体吸附量的增大而减小,随着静载应力阶段的增大而增大。④ 综合考虑煤岩体动载冲击损伤、静载损伤和瓦斯吸附损伤,以及动静载和瓦斯吸附解吸综合作用引起的煤岩割理及基质变形,忽略煤岩基质内的扩散渗流,分别引入动静载、吸附/解吸作用下煤体割理孔隙变形影响因子,建立了动静载和瓦斯吸附耦合作用下煤岩渗透率演化模型。

　　(4) 考虑动静载和瓦斯吸附的叠加作用,推导完成了适用于动静多场环境吸附瓦斯煤的损伤演化方程和渗透率演化方程,将轴向静载、循环动载冲击和瓦斯吸附等影响因素共同作用下的煤岩体应力场和渗流场方程耦合在一起,建立吸附瓦斯煤损伤-渗流多场动力学模型。立足工程尺度开展了巷道振动掘进诱发煤与瓦斯突出物理模拟试验,得到了和现场极其相似的现象和结果。基于 COMSOL Multiphysics 数值模拟软件,采用本书模型和传统模型分别以物理模拟试验为算例开展数值模拟试验,对比两模型的数值模拟结果和试验结果的相似度,验证了模型的可行性和理论的科学性。

7.2 展望

动静组合荷载下吸附瓦斯煤的力学行为及渗流规律是揭示煤岩动力灾害机理的关键科学问题,未来还需从以下几个方面进行改进并继续开展研究:

(1)本书主要聚焦动静载和瓦斯吸附耦合作用下煤岩体的宏观特性参数演化规律,未充分研究其微观演化规律,因此下一步应继续补充对动静载和瓦斯吸附耦合作用下煤岩体微观参数的规律研究,从更本质的角度揭示其损伤劣化机理。

(2)本书主要研究低应变率的循环动载,现场灾害发生往往还会涉及断层滑移、顶板断裂等中应变率动载扰动,因此作者下一步将继续改进仪器系统,开展进一步的研究。

(3)由于声发射探头的布置方式原因,未能对整个试验过程中的声发射源进行准确定位,下一步将攻克此技术难题,实现整个试验过程中煤岩体损伤演化的时空规律的研究,为现场声发射、微震等方法的预警提供理论支撑。

参 考 文 献

［1］ HOMAND F,BELEM T,SOULEY M.Friction and degradation of rock joint surfaces under shear loads［J］.International journal for numerical and analytical methods in geomechanics,2001,25(10):973-999.

［2］ NIE B S,LI X C.Mechanism research on coal and gas outburst during vibration blasting［J］.Safety science,2012,50(4):741-744.

［3］ ZHU W C,LIU L Y,LIU J S,et al.Impact of gas adsorption-induced coal damage on the evolution of coal permeability［J］.International journal of rock mechanics and mining sciences,2018,101:89-97.

［4］ LI W,REN T W,BUSCH A,et al.Architecture,stress state and permeability of a fault zone in Jiulishan coal mine,China:implication for coal and gas outbursts［J］.International journal of coal geology,2018,198:1-13.

［5］ SOBCZYK J.A comparison of the influence of adsorbed gases on gas stresses leading to coal and gas outburst［J］.Fuel,2014,115:288-294.

［6］ YANG D D,CHEN Y J,TANG J,et al.Experimental research into the relationship between initial gas release and coal-gas outbursts［J］.Journal of natural gas science and engineering,2018,50:157-165.

［7］ SOMERTON W H,SÖYLEMEZOḠLU I M,DUDLEY R C.Effect of stress on permeability of coal［J］.International journal of rock mechanics and mining sciences & geomechanics abstracts,1975,12(5/6):129-145.

［8］ FRASH L P,GUTIERREZ M,HAMPTON J.True-triaxial apparatus for simulation of hydraulically fractured multi-borehole hot dry rock reservoirs［J］.International journal of rock mechanics and mining sciences,2014,70:496-506.

［9］ ALEXEEV A D,REVVA V N,ALYSHEV N A,et al.True triaxial loading apparatus and its application to coal outburst prediction［J］.International journal of coal geology,2004,58(4):245-250.

[10] MOSLEH M H,TURNER M,SEDIGHI M,et al.High pressure gas flow,storage,and displacement in fractured rock:experimental setup development and application[J].Review of scientific instruments,2017,88(1):015108.

[11] MOSLEH M H,SEDIGHI M,VARDON P J,et al.Efficiency of carbon dioxide storage and enhanced methane recovery in a high rank coal[J].Energy & fuels,2017,31(12):13892-13900.

[12] CHEN H D,CHENG Y P,ZHOU H X,et al.Damage and permeability development in coal during unloading[J].Rock mechanics and rock engineering,2013,46(6):1377-1390.

[13] ROSHAN H,CHEN X,PIRZADA M A,et al.Permeability measurements during triaxial and direct shear loading using a novel X-ray transparent apparatus:fractured shale examples from Beetaloo Basin,Australia[J].NDT & E international,2019,107:102129.

[14] DU W Z,ZHANG Y S,MENG X B,et al.Deformation and seepage characteristics of gas-containing coal under true triaxial stress[J].Arabian journal of geosciences,2018,11(9):190.

[15] WANG G,WANG P F,GUO Y Y,et al.A novel true triaxial apparatus for testing shear seepage in gas-solid coupling coal[J].Geofluids,2018,2018:1-9.

[16] 杨凯,林柏泉,朱传杰,等.温度和围压耦合作用下煤样渗透率变化的试验研究[J].煤炭科学技术,2017,45(12):121-126.

[17] 张铭.低渗透岩石实验理论及装置[J].岩石力学与工程学报,2003,22(6):919-925.

[18] 杨建平,陈卫忠,田洪铭,等.低渗透介质温度-应力-渗流耦合三轴仪研制及其应用[J].岩石力学与工程学报,2009,28(12):2377-2382.

[19] 尹光志,李文璞,许江,等.多场多相耦合下多孔介质压裂-渗流试验系统的研制与应用[J].岩石力学与工程学报,2016,35(增刊1):2853-2861.

[20] 田坤云,张瑞林.高压水及负压加载状态下三轴应力渗流试验装置的研制[J].岩土力学,2014,35(11):3338-3344.

[21] 许江,彭守建,尹光志,等.含瓦斯煤热流固耦合三轴伺服渗流装置的研制及应用[J].岩石力学与工程学报,2010,29(5):907-914.

[22] LI B B,YANG K,XU P,et al.An experimental study on permeability characteristics of coal with slippage and temperature effects[J].Journal of petroleum science and engineering,2019,175:294-302.

[23] 尹光志,李铭辉,许江,等.多功能真三轴流固耦合试验系统的研制与应用 [J].岩石力学与工程学报,2015,34(12):2436-2445.

[24] LI M H,YIN G Z,XU J L,et al.A novel true triaxial apparatus to study the geomechanical and fluid flow aspects of energy exploitations in geological formations[J].Rock mechanics and rock engineering,2016,49(12):4647-4659.

[25] 肖晓春,丁鑫,潘一山,等.含瓦斯煤岩真三轴多参量试验系统研制及应用 [J].岩土力学,2018,39(增刊 2):451-462.

[26] 郭俊庆,康天合,张惠轩,等.煤岩电动-压动三轴渗流试验装置的研制[J]. 煤炭学报,2019,44(12):3903-3911.

[27] 许江,刘义鑫,尹光志,等.煤岩剪切-渗流耦合试验装置研制[J].岩石力学 与工程学报,2015,34(增刊 1):2987-2995.

[28] 王登科,彭明,魏建平,等.煤岩三轴蠕变-渗流-吸附解吸实验装置的研制及 应用[J].煤炭学报,2016,41(3):644-652.

[29] WANG D K,LV R H,WEI J P,et al.An experimental study of the aniso-tropic permeability rule of coal containing gas[J].Journal of natural gas science and engineering,2018,53:67-73.

[30] 刘光廷,叶源新,徐增辉.渗流-三轴应力耦合试验机的研制[J].清华大学学 报(自然科学版),2007,47(3):323-326.

[31] 盛金昌,杜昀宸,周庆,等.岩石 THMC 多因素耦合试验系统研制与应用 [J].长江科学院院报,2019,36(3):145-150.

[32] 黄润秋,徐德敏,付小敏,等.岩石高压渗透试验装置的研制与开发[J].岩石 力学与工程学报,2008,27(10):1981-1992.

[33] 尹立明,郭惟嘉,陈军涛.岩石应力-渗流耦合真三轴试验系统的研制与应用 [J].岩石力学与工程学报,2014,33(增刊 1):2820-2826.

[34] 吴迪,翟文博,梁冰,等.页岩注入超临界 CO_2 渗流及增透实验[J].天然气 地球科学,2019,30(10):1406-1414.

[35] 王鹏飞,王刚,李文鑫,等.真三轴剪切渗流试验系统的研制及应用[J].矿业 安全与环保,2018,45(2):40-43.

[36] 李文鑫,王刚,杜文州,等.真三轴气固耦合煤体渗流试验系统的研制及应 用[J].岩土力学,2016,37(7):2109-2118.

[37] 唐巨鹏,潘一山,李成全,等.有效应力对煤层气解吸渗流影响试验研究[J]. 岩石力学与工程学报,2006,25(8):1563-1568.

[38] 杨阳.不同加卸载条件下含瓦斯煤渗流特性及声发射特性的实验研究[D]. 太原:太原理工大学,2018.

[39] 李夕兵,周子龙,叶州元,等.岩石动静组合加载力学特性研究[J].岩石力学与工程学报,2008,27(7):1387-1395.

[40] 李夕兵.岩石动力学基础与应用[M].北京:科学出版社,2014.

[41] HE J,DOU L M,CAI W,et al.In situ test study of characteristics of coal mining dynamic load[J].Shock and vibration,2015,2015:1-8.

[42] WANG W,WANG H,LI D Y,et al.Strength and failure characteristics of natural and water-saturated coal specimens under static and dynamic loads[J].Shock and vibration,2018,2018:1-15.

[43] ROME J,ISAACS J,NEMAT-NASSER S.Hopkinson techniques for dynamic triaxial compression tests[J].Recent advances in experimental mechanics,2002:3-12.

[44] 何满潮,刘冬桥,宫伟力,等.冲击岩爆试验系统研发及试验[J].岩石力学与工程学报,2014,33(9):1729-1739.

[45] 徐佑林,康红普,张辉,等.卸荷条件下含瓦斯煤力学特性试验研究[J].岩石力学与工程学报,2014,33(增刊2):3476-3488.

[46] 温彦凯.蓄能落锤式冲击试验台研制及煤岩动静组合加载试验研究[D].阜新:辽宁工程技术大学,2017.

[47] 滕腾,高峰,高亚楠,等.循环气压下原煤微损伤及其破碎特性试验研究[J].中国矿业大学学报,2017,46(2):306-311.

[48] 窦林名,何江,曹安业,等.煤矿冲击矿压动静载叠加原理及其防治[J].煤炭学报,2015,40(7):1469-1476.

[49] 马春德,李夕兵,陈枫,等.双向受压岩石在扰动荷载作用下致裂特征研究[J].岩石力学与工程学报,2010,29(6):1238-1244.

[50] 金解放,李夕兵,钟海兵.三维静载与循环冲击组合作用下砂岩动态力学特性研究[J].岩石力学与工程学报,2013,32(7):1358-1372.

[51] 唐礼忠,武建力,刘涛,等.大理岩在高应力状态下受小幅循环动力扰动的力学试验[J].中南大学学报(自然科学版),2014,45(12):4300-4307.

[52] 苏国韶,胡李华,冯夏庭,等.低频周期扰动荷载与静载联合作用下岩爆过程的真三轴试验研究[J].岩石力学与工程学报,2016,35(7):1309-1322.

[53] 孙晓元.受载煤体振动破坏特征及致灾机理研究[D].北京:中国矿业大学(北京),2016.

[54] 刘保县,鲜学福,姜德义.煤与瓦斯延期突出机理及其预测预报的研究[J].岩石力学与工程学报,2002,21(5):647-650.

[55] 聂百胜,卢红奇,李祥春,等.煤体吸附-解吸瓦斯变形特征实验研究[J].煤

炭学报,2015,40(4):754-759.

[56] 谢雄刚,冯涛,杨军伟,等.爆破地震效应激发煤与瓦斯突出的监测分析[J].煤炭学报,2010,35(2):255-259.

[57] 任伟杰,袁旭东,潘一山.功率超声对煤岩力学性质影响的试验研究[J].辽宁工程技术大学学报(自然科学版),2001,20(6):773-776.

[58] 李树刚,赵勇,张天军,等.低频振动对煤样解吸特性的影响[J].岩石力学与工程学报,2010,29(增刊2):3562-3568.

[59] WANG S G,ELSWORTH D,LIU J S.Rapid decompression and desorption induced energetic failure in coal[J].Journal of rock mechanics and geotechnical engineering,2015,7(3):345-350.

[60] 姜永东,鲜学福,易俊,等.声震法促进煤中甲烷气解吸规律的实验及机理[J].煤炭学报,2008,33(6):675-680.

[61] 李成武,孙晓元,高天宝,等.煤岩体振动破坏试验及微震信号特征[J].煤炭学报,2015,40(8):1834-1844.

[62] 王文,李化敏,袁瑞甫,等.动静组合加载含水煤样的力学特征及细观力学分析[J].煤炭学报,2016,41(3):611-617.

[63] FAN C J,LI S,ELSWORTH D,et al.Experimental investigation on dynamic strength and energy dissipation characteristics of gas outburst-prone coal[J].Energy science & engineering,2020,8(4):1015-1028.

[64] YIN Z Q,CHEN W S,HAO H,et al.Dynamic compressive test of gas-containing coal using a modified split Hopkinson pressure bar system[J].Rock mechanics and rock engineering,2020,53(2):815-829.

[65] BUTT S D,MUKHERJEE C,LEBANS G.Evaluation of acoustic attenuation as an indicator of roof stability in advancing headings [J].International journal of rock mechanics and mining sciences,2000,37(7):1123-1131.

[66] JING L.A review of techniques,advances and outstanding issues in numerical modelling for rock mechanics and rock engineering[J].International journal of rock mechanics and mining sciences,2003,40(3):283-353.

[67] LIANG Y P,LI Q M,GU Y L,et al.Mechanical and acoustic emission characteristics of rock:effect of loading and unloading confining pressure at the postpeak stage[J].Journal of natural gas science and engineering,2017,44:54-64.

[68] BISMAYER U.Early warning signs for mining accidents:detecting crack-

ling noise[J].American mineralogist,2017,102(1):3-4.

[69] MAJEWSKA Z,MORTIMER Z.Chaotic behaviour of acoustic emission induced in hard coal by gas sorption-desorption[J].Acta geophysica, 2006,54(1):50-59.

[70] MAJEWSKA Z,ZIĘTEK J.Acoustic emission and volumetric strain induced in coal by the displacement sorption of methane and carbone dioxide[J].Acta geophysica,2008,56(2):372-390.

[71] MAJEWSKA Z,MAJEWSKI S,ZIĘTEK J.Swelling and acoustic emission behaviour of unconfined and confined coal during sorption of CO_2[J]. International journal of coal geology,2013,116/117:17-25.

[72] RANJITH P G,JASINGE D,CHOI S K,et al.The effect of CO_2 saturation on mechanical properties of Australian black coal using acoustic emission[J].Fuel, 2010,89(8):2110-2117.

[73] RANATHUNGA A S,PERERA M S A,RANJITH P G,et al.Super-critical CO_2 saturation-induced mechanical property alterations in low rank coal:an experimental study[J].The journal of supercritical fluids,2016, 109:134-140.

[74] 李小双,尹光志,赵洪宝,等.含瓦斯突出煤三轴压缩下力学性质试验研究[J].岩石力学与工程学报,2010,29(增刊1):3350-3358.

[75] 尹光志,秦虎,黄滚.不同应力路径下含瓦斯煤岩渗流特性与声发射特征实验研究[J].岩石力学与工程学报,2013,32(7):1315-1320.

[76] 尹光志,李文璞,李铭辉,等.不同加卸载条件下含瓦斯煤力学特性试验研究[J].岩石力学与工程学报,2013,32(5):891-901.

[77] 赵洪宝,尹光志,李华华,等.含瓦斯突出煤声发射特性及其围压效应分析[J].重庆大学学报(自然科学版),2013,36(11):101-107.

[78] 肖晓春,朱洪伟,潘一山,等.瓦斯煤岩变形破裂过程声发射预警信号变化规律研究[J].中国安全科学学报,2013,23(6):122-127.

[79] 邱兆云,潘一山,罗浩,等.有效围压对煤体破裂声发射信号影响研究[J].中国安全生产科学技术,2015,11(4):47-53.

[80] 孟磊,王宏伟,李学华,等.含瓦斯煤破裂过程中声发射行为特性的研究[J].煤炭学报,2014,39(2):377-383.

[81] 刘延保,曹树刚,李勇,等.含瓦斯煤体破坏过程中AE序列关联维数演化分析[J].重庆大学学报,2012,35(3):108-114.

[82] 许江,耿加波,彭守建,等.不同含水率条件下煤与瓦斯突出的声发射特性

[J].煤炭学报,2015,40(5):1047-1054.

[83] 高保彬,吕蓬勃,郭放.不同瓦斯压力下煤岩力学性质及声发射特性研究[J].煤炭科学技术,2018,46(1):112-119,149.

[84] 高保彬,钱亚楠,陈立伟,等.瓦斯压力对煤样冲击倾向性影响研究[J].煤炭科学技术,2018,46(10):58-64.

[85] 赵洪宝,尹光志.含瓦斯煤声发射特性试验及损伤方程研究[J].岩土力学,2011,32(3):667-671.

[86] 刘延保.基于细观力学试验的含瓦斯煤体变形破坏规律研究[D].重庆:重庆大学,2009.

[87] 秦虎,黄滚,蒋长宝,等.不同瓦斯压力下煤岩声发射特征试验研究[J].岩石力学与工程学报,2013,32(增刊2):3719-3725.

[88] 滕腾,高峰,张志镇,等.含瓦斯原煤三轴压缩变形时的能量演化分析[J].中国矿业大学学报,2016,45(4):663-669.

[89] 孔祥国,王恩元,胡少斌,等.含瓦斯型煤破坏临界慢化前兆特征研究[J].中国矿业大学学报,2017,46(1):1-7.

[90] 郭军杰.中高阶煤承载过程裂隙演化及渗透性变化机制研究[D].成都:西南石油大学,2017.

[91] 刘志军.温度作用下油页岩孔隙结构及渗透特征演化规律研究[D].太原:太原理工大学,2018.

[92] 蒋一峰.受载煤体-瓦斯-水耦合渗流特性研究[D].北京:中国矿业大学(北京),2018.

[93] 郭海军.煤的双重孔隙结构等效特征及对其力学和渗透特性的影响机制[D].徐州:中国矿业大学,2017.

[94] BUSTIN R M,CUI X J,CHIKATAMARLA L.Impacts of volumetric strain on CO_2 sequestration in coals and enhanced CH_4 recovery[J]. American association of petroleum geologists bulletin,2008,92(1):15-29.

[95] WANG G X,WEI X R,WANG K,et al.Sorption-induced swelling/shrinkage and permeability of coal under stressed adsorption/desorption conditions[J]. International journal of coal geology,2010,83(1):46-54.

[96] NIU Q H,CAO L W,SANG S X,et al.The adsorption-swelling and permeability characteristics of natural and reconstituted anthracite coals[J]. Energy,2017,141:2206-2217.

[97] MOSLEH M H,TURNER M,SEDIGHI M,et al.Carbon dioxide flow and interactions in a high rank coal:permeability evolution and reversibility of

reactive processes[J].International journal of greenhouse gas control, 2018,70:57-67.

[98] LARSEN J W.The effects of dissolved CO_2 on coal structure and properties[J].International journal of coal geology,2004,57(1):63-70.

[99] LIU C J,WANG G X,SANG S X,et al.Changes in pore structure of anthracite coal associated with CO_2 sequestration process[J].Fuel,2010,89(10):2665-2672.

[100] NIU Q H,CAO L W,SANG S X,et al.Experimental study of permeability changes and its influencing factors with CO_2 injection in coal[J]. Journal of natural gas science and engineering,2019,61:215-225.

[101] 傅雪海,李大华,秦勇,等.煤基质收缩对渗透率影响的实验研究[J].中国矿业大学学报,2002,31(2):129-131.

[102] 隆清明,赵旭生,孙东玲,等.吸附作用对煤的渗透率影响规律实验研究[J].煤炭学报,2008,33(9):1030-1034.

[103] 赵阳升,胡耀青,杨栋,等.三维应力下吸附作用对煤岩体气体渗流规律影响的实验研究[J].岩石力学与工程学报,1999,18(6):651-653.

[104] 胡耀青,赵阳升,魏锦平.三维应力作用下煤体瓦斯渗透规律实验研究[J].西安矿业学院学报,1996(4):308-311.

[105] DURUCAN S,EDWARDS J S.The effects of stress and fracturing on permeability of coal[J].Mining science and technology,1986,3(3):205-216.

[106] ROBERTSON E P.Measurement and modeling of sorption-induced strain and permeability changes in coal[D].Golden,CO:Colorado School of Mines,2005.

[107] HUY P Q,SASAKI K,SUGAI Y,et al.Carbon dioxide gas permeability of coal core samples and estimation of fracture aperture width[J].International journal of coal geology,2010,83(1):1-10.

[108] MITRA A,HARPALANI S,LIU S M.Laboratory measurement and modeling of coal permeability with continued methane production:part 1-laboratory results[J].Fuel,2012,94:110-116.

[109] 孙培德.变形过程中煤样渗透率变化规律的实验研究[J].岩石力学与工程学报,2001,20(增刊1):1801-1804.

[110] 彭永伟,齐庆新,邓志刚,等.考虑尺度效应的煤样渗透率对围压敏感性试验研究[J].煤炭学报,2008,33(5):509-513.

[111] 尹光志,李小双,赵洪宝,等.瓦斯压力对突出煤瓦斯渗流影响试验研究

[J].岩石力学与工程学报,2009,28(4):697-702.

[112] 尹光志,李晓泉,赵洪宝,等.地应力对突出煤瓦斯渗流影响试验研究[J]. 岩石力学与工程学报,2008,27(12):2557-2561.

[113] HARPALANI S,SCHRAUFNAGEL R A.Shrinkage of coal matrix with release of gas and its impact on permeability of coal[J].Fuel,1990,69 (5):551-556.

[114] HARPALANI S,CHEN G L.Influence of gas production induced volumetric strain on permeability of coal[J].Geotechnical & geological engineering,1997,15(4):303-325.

[115] 魏建平,王超,王登科.无烟煤型煤和原煤的渗透特性对比研究[J].煤矿安全,2012,43(12):37-40,45.

[116] LITWINISZYN J.A model for the initiation of coal-gas outbursts[J].International journal of rock mechanics and mining sciences & geomechanics abstracts,1985,22(1):39-46.

[117] PATERSON L.A model for outbursts in coal[J].International journal of rock mechanics and mining sciences & geomechanics abstracts,1986,23 (4):327-332.

[118] ZHAO Y S,QING H S,BAI Q Z.A mathematical model for solid-gas coupled problems on the methane flowing in coal seam[J].Acta mechanica solida sinica,1993,6:459-472.

[119] VALLIAPPAN S, WOHUA Z.Numerical modelling of methane gas migration in dry coal seams[J].International journal for numerical and analytical methods in geomechanics,1996,20(8):571-593.

[120] 李坤,由长福,祁海鹰.矿井煤与瓦斯突出数学模型的建立[J].工程力学, 2012,29(1):202-206.

[121] 刘洪永.远程采动煤岩体变形与卸压瓦斯流动气固耦合动力学模型及其应用研究[J].煤炭学报,2011,36(7):1243-1244.

[122] 刘军,孙东玲,孙海涛,等.含瓦斯煤固气耦合动力学模型及其应用研究 [J].中国矿业,2013,22(11):126-130,135.

[123] 尹光志,鲜学福,王登科,等.含瓦斯煤岩固气耦合失稳理论与实验研究 [M].北京:科学出版社,2011.

[124] 尹光志,蒋长宝,许江,等.深部煤与瓦斯开采中固-液-气耦合作用机理及实验研究[M].北京:科学出版社,2012.

[125] 徐涛,唐春安,宋力,等.含瓦斯煤岩破裂过程流固耦合数值模拟[J].岩石

力学与工程学报,2005,24(10):1667-1673.

[126] KURSUNOGLU N,ONDER M. Application of structural equation modeling to evaluate coal and gas outbursts[J]. Tunnelling and underground space technology,2019,88:63-72.

[127] 李峰,张亚光,刘建荣,等.动载荷作用下构造煤体动力响应特性研究[J]. 岩土力学,2015,36(9):2523-2531.

[128] LAWSON H E,TESARIK D,LARSON M K,et al.Effects of overburden characteristics on dynamic failure in underground coal mining[J].International journal of mining science and technology,2017,27(1):121-129.

[129] 尹光志,李贺,鲜学福,等.煤岩体失稳的突变理论模型[J].重庆大学学报 (自然科学版),1994,17(1):23-28.

[130] 左宇军,李夕兵,马春德,等.动静组合载荷作用下岩石失稳破坏的突变理 论模型与试验研究[J].岩石力学与工程学报,2005,24(5):741-746.

[131] 张勇,潘岳.弹性地基条件下狭窄煤柱岩爆的突变理论分析[J].岩土力学, 2007,28(7):1469-1476.

[132] 单仁亮,程瑞强,高文蛟.云驾岭煤矿无烟煤的动态本构模型研究[J].岩石 力学与工程学报,2006,25(11):2258-2263.

[133] 付玉凯,解北京,王启飞.煤的动态力学本构模型[J].煤炭学报,2013,38 (10):1769-1774.

[134] WANG H L,XU W Y,CAI M,et al.Gas permeability and porosity evolution of a porous sandstone under repeated loading and unloading conditions[J].Rock mechanics and rock engineering,2017,50(8):2071-2083.

[135] 王汉鹏,张庆贺,袁亮,等.含瓦斯煤相似材料研制及其突出试验应用[J]. 岩土力学,2015,36(6):1676-1682.

[136] 任建喜,云梦晨,张琨,等.静动组合三轴加载煤岩强度劣化试验研究[J]. 煤炭科学技术,2021,49(11):105-111.

[137] VIETE D R,RANJITH P G.The mechanical behaviour of coal with respect to CO_2 sequestration in deep coal seams[J].Fuel,2007,86(17/18): 2667-2671.

[138] GUTENBERG B,RICHTER C F.Frequency of earthquakes in California[J]. Bulletin of the seismological society of America,1944,34(4):185-188.

[139] MENG F Z,ZHOU H,WANG Z Q,et al.Experimental study on the prediction of rockburst hazards induced by dynamic structural plane shearing in deeply buried hard rock tunnels[J].International journal of

rock mechanics and mining sciences,2016,86:210-223.

[140] 宋义敏,邓琳琳,吕祥锋,等.岩石摩擦滑动变形演化及声发射特征研究[J].岩土力学,2019,40(8):2899-2906.

[141] 曾正文,马瑾,马胜利,等.岩石摩擦-滑动中的声发射 b 值动态特征及其地震学意义[J].地球物理学进展,1993,8(4):42-53.

[142] 张黎明,马绍琼,任明远,等.不同围压下岩石破坏过程的声发射频率及 b 值特征[J].岩石力学与工程学报,2015,34(10):2057-2063.

[143] 李元辉,刘建坡,赵兴东,等.岩石破裂过程中的声发射 b 值及分形特征研究[J].岩土力学,2009,30(9):2559-2563.

[144] 李清川.气体吸附诱发煤体损伤劣化的试验分析与机理研究[D].济南:山东大学,2019.

[145] 侯伟涛.气体注入煤岩受载变形破坏特征与渗流规律研究[D].济南:山东大学,2020.

[146] LI T,FAN D,LU L,et al.Dynamic fracture of C/SiC composites under high strain-rate loading:microstructures and mechanisms[J].Carbon,2015,91:468-478.

[147] KIPP M E,GRADY D E,CHEN E P.Strain-rate dependent fracture initiation[J].International journal of fracture,1980,16(5):471-478.

[148] 王其胜,李夕兵.动静组合加载作用下花岗岩破碎的分形特征[J].实验力学,2009,24(6):587-591.

[149] 钱坤.基于砂岩矿柱强度特征与破坏机制的矿柱设计[D].北京:中国矿业大学(北京),2015.

[150] 赵明华,肖尧,徐卓君,等.基于 Griffith 强度准则的岩溶区桩基溶洞稳定性分析[J].中国公路学报,2018,31(1):31-37.

[151] 朱合华,张琦,章连洋.Hoek-Brown 强度准则研究进展与应用综述[J].岩石力学与工程学报,2013,32(10):1945-1963.

[152] 姚宇平.吸附瓦斯对煤的变形及强度的影响[J].煤矿安全,1988,19(12):37-41.

[153] 何学秋,王恩元,林海燕.孔隙气体对煤体变形及蚀损作用机理[J].中国矿业大学学报,1996,25(1):6-11.

[154] 郭万里,朱俊高,徐佳成,等.PFC3D模型中粗粒料孔隙率及摩擦系数的确定方法[J].地下空间与工程学报,2016,12(增刊1):157-162.

[155] 彭守建,许江,尹光志,等.基质收缩效应对含瓦斯煤渗流影响的实验分析[J].重庆大学学报(自然科学版),2012,35(5):109-114.

[156] 谢和平,周宏伟,刘建锋,等.不同开采条件下采动力学行为研究[J].煤炭学报,2011,36(7):1067-1074.

[157] 谢和平,张泽天,高峰,等.不同开采方式下煤岩应力场-裂隙场-渗流场行为研究[J].煤炭学报,2016,41(10):2405-2417.

[158] ZHANG Z T,ZHANG R,XIE H P,et al.Mining-induced coal permeability change under different mining layouts[J].Rock mechanics and rock engineering,2016,49(9):3753-3768.

[159] 周宏伟,荣腾龙,牟瑞勇,等.采动应力下煤体渗透率模型构建及研究进展[J].煤炭学报,2019,44(1):221-235.

[160] 程远平,刘洪永,郭品坤,等.深部含瓦斯煤体渗透率演化及卸荷增透理论模型[J].煤炭学报,2014,39(8):1650-1658.

[161] 荣腾龙,周宏伟,王路军,等.开采扰动下考虑损伤破裂的深部煤体渗透率模型研究[J].岩土力学,2018,39(11):3983-3992.

[162] 薛熠,高峰,高亚楠,等.采动影响下损伤煤岩体峰后渗透率演化模型研究[J].中国矿业大学学报,2017,46(3):521-527.

[163] XUE Y,GAO F,GAO Y N,et al.Quantitative evaluation of stress-relief and permeability-increasing effects of overlying coal seams for coal mine methane drainage in Wulan coal mine[J].Journal of natural gas science and engineering,2016,32:122-137.

[164] ZHANG Z T,ZHANG R,XIE H P,et al.An anisotropic coal permeability model that considers mining-induced stress evolution,microfracture propagation and gas sorption-desorption effects[J].Journal of natural gas science and engineering,2017,46:664-679.

[165] 白鑫,王登科,田富超,等.三轴应力加卸载作用下损伤煤岩渗透率模型研究[J].岩石力学与工程学报,2021,40(8):1536-1546.

[166] VANDAMME M,BROCHARD L,LECAMPION B,et al.Adsorption and strain:the CO_2-induced swelling of coal[J].Journal of the mechanics and physics of solids,2010,58(10):1489-1505.

[167] XUE Y,GAO F,LIU X G.Effect of damage evolution of coal on permeability variation and analysis of gas outburst hazard with coal mining[J].Natural hazards,2015,79(2):999-1013.

[168] REISS L H.The reservoir engineering aspects of fractured formations[M].Texas:Gulf Publishing Company,1980.

[169] 王登科,彭明,付启超,等.瓦斯抽采过程中的煤层透气性动态演化规律与

数值模拟[J].岩石力学与工程学报,2016,35(4):704-712.

[170] 刘清泉.多重应力路径下双重孔隙煤体损伤扩容及渗透性演化机制与应用[D].徐州:中国矿业大学,2015.

[171] 孙培德,杨东全,陈奕柏.多物理场耦合模型及数值模拟导论[M].北京:中国科学技术出版社,2007.

[172] MENG Y,LI Z P.Experimental study on diffusion property of methane gas in coal and its influencing factors[J].Fuel,2016,185:219-228.

[173] 孙培德.Sun 模型及其应用:煤层气越流固气耦合模型及可视化模拟[M].杭州:浙江大学出版社,2002.

[174] 朱万成,唐春安,杨天鸿,等.岩石破裂过程分析用(RFPA^{2D})系统的细观单元本构关系及验证[J].岩石力学与工程学报,2003,22(1):24-29.

[175] 朱万成,魏晨慧,田军,等.岩石损伤过程中的热-流-力耦合模型及其应用初探[J].岩土力学,2009,30(12):3851-3857.

[176] BALE J,VALOT E,MONIN M,et al.Experimental analysis of thermal and damage evolutions of DCFC under static and fatigue loading[J]. Revue des composites et des matériaux avancés,2016,26(2):165-184.

[177] LIU X S,NING J G,TAN Y L,et al.Damage constitutive model based on energy dissipation for intact rock subjected to cyclic loading[J].International journal of rock mechanics and mining sciences,2016,85:27-32.

[178] MÜLLER C,FRÜHWIRT T,HAASE D,et al.Modeling deformation and damage of rock salt using the discrete element method[J].International journal of rock mechanics and mining sciences,2018,103:230-241.

[179] SORMUNEN O-V E,CASTRÉN A,ROMANOFF J,et al.Estimating sea bottom shapes for grounding damage calculations[J].Marine structures,2016,45:86-109.

[180] ZHOU H W,WANG C P,HAN B B,et al.A creep constitutive model for salt rock based on fractional derivatives[J].International journal of rock mechanics and mining sciences,2011,48(1):116-121.

[181] DENG J,GU D S.On a statistical damage constitutive model for rock materials[J].Computers & geosciences,2011,37(2):122-128.

[182] 曹文贵,赵明华,唐学军.岩石破裂过程的统计损伤模拟研究[J].岩土工程学报,2003,25(2):184-187.

[183] 曹文贵,李翔.岩石损伤软化统计本构模型及参数确定方法的新探讨[J].岩土力学,2008,29(11):2952-2956.

[184] 魏明尧,王春光,崔光磊,等.损伤和剪胀效应对裂隙煤体渗透率演化规律的影响研究[J].岩土力学,2016,37(2):574-582.

[185] 高峰,许爱斌,周福宝.保护层开采过程中煤岩损伤与瓦斯渗透性的变化研究[J].煤炭学报,2011,36(12):1979-1984.

[186] TURICHSHEV A,HADJIGEORGIOU J.Development of synthetic rock mass bonded block models to simulate the behaviour of intact veined rock[J].Geotechnical and geological engineering,2017,35(1):313-335.

[187] UNTEREGGER D,FUCHS B,HOFSTETTER G.A damage plasticity model for different types of intact rock[J].International journal of rock mechanics and mining sciences,2015,80:402-411.

[188] POURHOSSEINI O,SHABANIMASHCOOL M.Development of an elasto-plastic constitutive model for intact rocks[J].International journal of rock mechanics and mining sciences,2014,66:1-12.

[189] YANG P Y,WU X E,CHEN J H.Elastic and plastic-flow damage constitutive model of rock based on conventional triaxial compression test[J].International journal of heat and technology,2018,36(3):927-935.

[190] 刘力源,朱万成,魏晨慧,等.气体吸附诱发煤强度劣化的力学模型与数值分析[J].岩土力学,2018,39(4):1500-1508.

[191] 翟盛锐.考虑孔隙瓦斯劣化作用的煤岩损伤本构模型[J].中国安全生产科学技术,2014,10(2):16-21.

[192] RANATHUNGA A S,PERERA M S A,RANJITH P G.Influence of CO_2 adsorption on the strength and elastic modulus of low rank Australian coal under confining pressure[J].International journal of coal geology,2016,167:148-156.

[193] YANG S Q,XU P,RANJITH P G.Damage model of coal under creep and triaxial compression[J].International journal of rock mechanics and mining sciences,2015,80:337-345.

[194] YANG X B,XIA Y J,WANG X J.Investigation into the nonlinear damage model of coal containing gas[J].Safety science,2012,50(4):927-930.

[195] 郑永来,夏颂佑.岩石粘弹性连续损伤本构模型[J].岩石力学与工程学报,1996,15(增刊1):428-432.

[196] 单仁亮,薛友松,张倩.岩石动态破坏的时效损伤本构模型[J].岩石力学与工程学报,2003,22(11):1771-1776.

[197] 李夕兵,左宇军,马春德.中应变率下动静组合加载岩石的本构模型[J].岩石力学与工程学报,2006,25(5):865-874.

[198] 刘军忠,许金余,吕晓聪,等.围压下岩石的冲击力学行为及动态统计损伤本构模型研究[J].工程力学,2012,29(1):55-63.

[199] 朱晶晶,李夕兵,宫凤强,等.单轴循环冲击下岩石的动力学特性及其损伤模型研究[J].岩土工程学报,2013,35(3):531-539.

[200] 王春,唐礼忠,程露萍,等.一维高应力及重复冲击共同作用下岩石的本构模型[J].岩石力学与工程学报,2015,34(增刊1):2868-2878.

[201] 徐卫亚,韦立德.岩石损伤统计本构模型的研究[J].岩石力学与工程学报,2002,21(6):787-791.

[202] 王登科,刘淑敏,魏建平,等.冲击破坏条件下煤的强度型统计损伤本构模型与分析[J].煤炭学报,2016,41(12):3024-3031.

[203] 刘树新,刘长武,韩小刚,等.基于损伤多重分形特征的岩石强度 Weibull 参数研究[J].岩土工程学报,2011,33(11):1786-1791.

[204] LEMAITRE J.Evaluation of dissipation and damage in metals submitted to dynamic loading[C]//Proceedings of International Conference of Mechanical Behavior of Materials.Kyoto:[s.n.],1971.

[205] 杨永杰,王德超,郭明福,等.基于三轴压缩声发射试验的岩石损伤特征研究[J].岩石力学与工程学报,2014,33(1):98-104.

[206] 张强星,刘建锋,曾寅,等.膏岩三轴压缩声发射特征及损伤演化研究[J].地下空间与工程学报,2019,15(5):1323-1330.

[207] 杨天鸿,屠晓利,於斌,等.岩石破裂与渗流耦合过程细观力学模型[J].固体力学学报,2005,26(3):333-337.

[208] ROSIN P,RAMMLER E.The laws governing the fineness of powdered coal[J].Journal of the Institute of Fuel,1933,7:29-36.

[209] 吴政.基于损伤的混凝土拉压全过程本构模型研究[J].水利水电技术,1995,26(11):58-63.

[210] 宁建国,朱志武.含损伤的冻土本构模型及耦合问题数值分析[J].力学学报,2007,39(1):70-76.

[211] SONG B,CHEN W.Dynamic stress equilibration in split Hopkinson pressure bar tests on soft materials[J].Experimental mechanics,2004,44(3):300-312.

[212] WU Y,LIU J S,ELSWORTH D,et al.Dual poroelastic response of a coal seam to CO_2 injection[J].International journal of greenhouse gas

control,2010,4(4):668-678.

[213] LIU Z S,LIU D M,CAI Y D,et al.Experimental study of the effective stress coefficient for coal anisotropic permeability[J].Energy & fuels, 2020,34(5):5856-5867.

[214] XIA T Q,ZHOU F B,LIU J S,et al.Evaluation of the pre-drained coal seam gas quality[J].Fuel,2014,130:296-305.

[215] LIU Q Q,CHENG Y P,WANG H F,et al.Numerical assessment of the effect of equilibration time on coal permeability evolution characteristics [J].Fuel,2015,140:81-89.

[216] WANG C J,YANG S Q,LI X W,et al.Comparison of the initial gas desorption and gas-release energy characteristics from tectonically-deformed and primary-undeformed coal[J].Fuel,2019,238:66-74.

[217] LI S C,GAO C L,ZHOU Z Q,et al.Analysis on the precursor information of water inrush in Karst tunnels:a true triaxial model test study[J]. Rock mechanics and rock engineering,2019,52(2):373-384.

[218] HU Q T,ZHANG S T,WEN G C,et al.Coal-like material for coal and gas outburst simulation tests[J].International journal of rock mechanics and mining sciences,2015,74:151-156.

[219] YEKRANGISENDI A, YAGHOBI M, RIAZIAN M, et al. Scale-dependent dynamic behavior of nanowire-based sensor in accelerating field[J].Journal of applied and computational mechanics,2019,5(2): 486-497.

[220] 胡耀青,赵阳升,杨栋.三维固流耦合相似模拟理论与方法[J].辽宁工程技术大学学报,2007,26(2):204-206.

[221] 胡耀青,赵阳升,杨栋,等.带压开采顶板破坏规律的三维相似模拟研究[J].岩石力学与工程学报,2003,22(8):1239-1243.

[222] 李树刚,赵鹏翔,林海飞,等.煤岩瓦斯"固-气"耦合物理模拟相似材料特性实验研究[J].煤炭学报,2015,40(1):80-86.

[223] 李树刚,林海飞,赵鹏翔,等.采动裂隙椭抛带动态演化及煤与甲烷共采[J].煤炭学报,2014,39(8):1455-1462.

[224] ZHANG J X,SUN Q,ZHOU N,et al.Research and application of roadway backfill coal mining technology in western coal mining area[J].Arabian journal of geosciences,2016,9(10):1-10.

[225] TYKHAN M,IVAKHIV O,TESLYUK V.New type of piezoresistive

pressure sensors for environments with rapidly changing temperature [J].Metrology and measurement systems,2017,24(1):185-192.

[226] BOUŘA A, KULHA P, HUSÁK M. Wirelessly powered high-temperature strain measuring probe based on piezoresistive nanocrystal-line diamond layers[J]. Metrology and measurement systems, 2016, 23(3):437-449.

[227] XU M G,REEKIE L,CHOW Y T,et al.Optical in-fibre grating high pressure sensor[J].Electronics letters,1993,29(4):398-399.

[228] YANG X F,DONG X Y,ZHAO C L,et al.A temperature-independent displacement sensor based on a fiber Bragg grating[C]// Proceedings of 17th International Conference on Optical Fibre Sensors.[S. l.:s. n.], 2005:691-694.

[229] ZHAO Y,YU C B,LIAO Y B.Differential FBG sensor for temperature-compensated high-pressure (or displacement) measurement[J]. Optics & laser technology,2004,36(1):39-42.

[230] ZRELLI A.Simultaneous monitoring of temperature,pressure,and strain through Brillouin sensors and a hybrid BOTDA/FBG for disasters detection systems[J].IET communications,2019,13(18):3012-3019.

[231] LV H F,ZHAO X F,ZHAN Y L,et al.Damage evaluation of concrete based on Brillouin corrosion expansion sensor [J]. Construction and building materials,2017,143:387-394.

[232] ZRELLI A, EZZEDINE T.Design of optical and wireless sensors for underground mining monitoring system[J].Optik,2018,170:376-383.

[233] SABOKROUH M,FARAHANI M.Experimental study of the residual stresses in girth weld of natural gas transmission pipeline[J].Journal of applied and computational mechanics,2019,5(2):199-206.

[234] CHANG C C,JOHNSON G,VOHRA S T,et al.Development of fiber Bragg-grating-based soil pressure transducer for measuring pavement response[C]// Proceedings of the SPIE's 7th Annual International Symposium on Smart Structures and Materials. Newport Beach, CA, USA:[s.n.],2000,3986:480-488.

[235] ZHOU Z,WANG H Z,OU J P.A new kind of FBG-based soil-pressure sensor[C]//Optical Fiber Sensors 2006.Cancún,Mexico,October 23-27, 2006.Washington,D.C.:OSA,2006.

[236] CORREIA R,LI J,STAINES S,et al.Fibre Bragg grating based effective soil pressure sensor for geotechnical applications[C]// Proceedings of SPIE - The International Society for Optical Engineering.[S.l.:s.n.], 2009,7503:74-77.

[237] 胡志新,王震武,马云宾,等.温度补偿式光纤光栅土压力传感器[J].应用光学,2010,31(1):110-113.

[238] LI F,DU Y L,ZHANG W T,et al.Fiber Bragg grating soil-pressure sensor based on dual L-shaped levers[J].Optical engineering,2013,52(1):014403.

[239] HONG C Y,ZHANG Y F,YANG Y Y,et al.A FBG based displacement transducer for small soil deformation measurement[J].Sensors and actuators a:physical,2019,286:35-42.

[240] XU H B,ZHENG X Y,ZHAO W G,et al.High precision,small size and flexible FBG strain sensor for slope model monitoring[J].Sensors (Basel,Switzerland),2019,19(12):2716.

[241] PIAO C D,WANG D,KANG H,et al.Model test study on overburden settlement law in coal seam backfill mining based on fiber Bragg grating technology[J].Arabian journal of geosciences,2019,12(13):1-9.

[242] CAO J,SUN H T,WANG B,et al.A novel large-scale three-dimensional apparatus to study mechanisms of coal and gas outburst[J].International journal of rock mechanics and mining sciences,2019,118:52-62.

[243] 侯朝炯团队.巷道围岩控制[M].徐州:中国矿业大学出版社,2013.

[244] 熊仁钦.关于煤壁内塑性区宽度的讨论[J].煤炭学报,1989,14(1):16-22.

[245] 胡千庭,文光才.煤与瓦斯突出的力学作用机理[M].北京:科学出版社,2013.

[246] 莫道平.含瓦斯煤流固耦合数学模型及其应用[D].重庆:重庆大学,2014.